手縫皮革包

Lesson 1,2

製作皮革包的簡單要訣

製作皮革包，只需要一些工具和皮革即可完成，出乎意料之外的簡單。
為了讓讀者能了解這道理，無論對初學者或已經開始的中級者都能有所裨益，特別彙整出版了本書。

那麼，是哪些地方簡單呢？

‧在本書裡，不使用不容易購得的特殊皮革。若有找不到的皮革，請讀者自行尋找質感類似的替代，或請專門店幫忙訂購。

‧製作皮革包時的必要作業—「削薄皮革」，這次完全不使用。因此，作業上的障礙應該更低。
＊削薄皮革＝將相當於縫份的部分削薄。在專門店可為顧客代勞。

‧為了配合每個的人能力和耐性，大致分類為「初級」「中級」「高級」。當然，「雖然能力不足但有耐性」的人，只要不疾不徐努力做就沒有問題。

‧為了能夠簡單製作，基本上都不做裡襯。

‧皮革的手縫，和布的手縫有些許差異。想要真正開始的人，可備齊手縫固定夾（p.44）等專用工具，對於覺得達到這程度還言之過早的人，書中也有說明節省工夫的方法。
「皮革製作很困難」，是所謂「還沒吃就嫌棄」懷有偏見的說詞。務必，以愉悅的心情使用皮革製作正式的提包。

江面旨美

目錄

製作皮革包的簡單要訣……02

1，初級篇

超級簡單。不用縫的提包。……04（作法50）

縫的部分越少越好。……06（作法52）

也有無表情的表情嗎？……08（作法54）

淡淡的微小色差。……10（作法56）

簡單卻有力。這才是目標。……12（作法58）

1條提把的明快感。……14（作法60）

陰影醞釀出皮革的質感。……16（作法61）

2　中級篇

加一道工夫醞出氛圍。……18（作法63）

柔軟的皮革。也能使用車縫。……20（作法72）

露出針腳呈現粗獷的趣味性。……22（作法68）

立體和平面。所費的工夫沒甚麼差別。……24（作法73）

假如要使用顏色，就用上質的皮革。或者塗色。……26（作法75）

3　高級篇

重點在提把，帶點正式的感覺。……28（作法78）

充滿質感，看不膩的提包。……30（作法81）

稍有耐性是不可或缺的。……32（作法82）

只要用心做，就可以擁有這樣的背包。……34（作法86）

從1張皮革開始……36

使用零頭皮革製作的小錢包……38（作法86）

工具……40

作法的基本

將硬皮革弄軟……42

紙型的作法……42

裁切……42

在皮革上鑿縫線孔……43

線穿針……43

使用手縫固定夾（木製手縫器具）的手縫（平針縫）……44

固定線……46

手縫 1（回針縫）……46

手縫 2（鎖縫）……47

手縫 3（雙重鎖縫）……48

皮革邊緣的處理（打磨邊緣）……49

1, 初級篇

超級簡單。
不用縫的提包。

作法→p.50

作法→p.51

縫的部分越少越好。

作法→p.52

作法→p.53

作法→p.54

也有無表情的表情嗎？

作法→p.55

作法→p.56

淡淡的微小色差。

作法→p.57

簡單卻有力。這才是目標。

作法→p.58

作法→p.59

1條提把的明快感。

作法→p.60

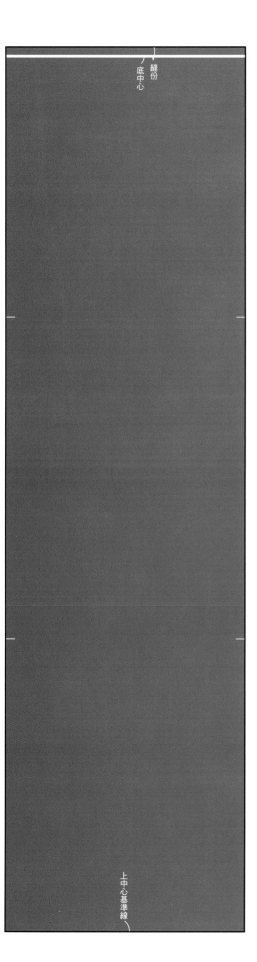

縫份
底中心

上中心基準線

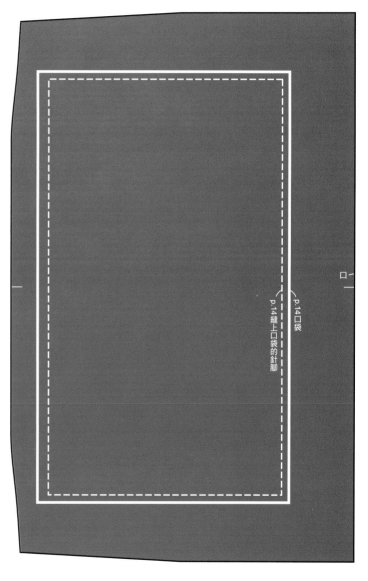

p.14口袋

p.14縫上口袋的針腳

口

陰影醞釀出皮革的質感。

作法→p.61

作法→p.62

2, 中級篇

加一道工夫釀出氛圍。

作法→p.64

作法→ p.72

柔軟的皮革。也能使用車縫。

作法→p.66

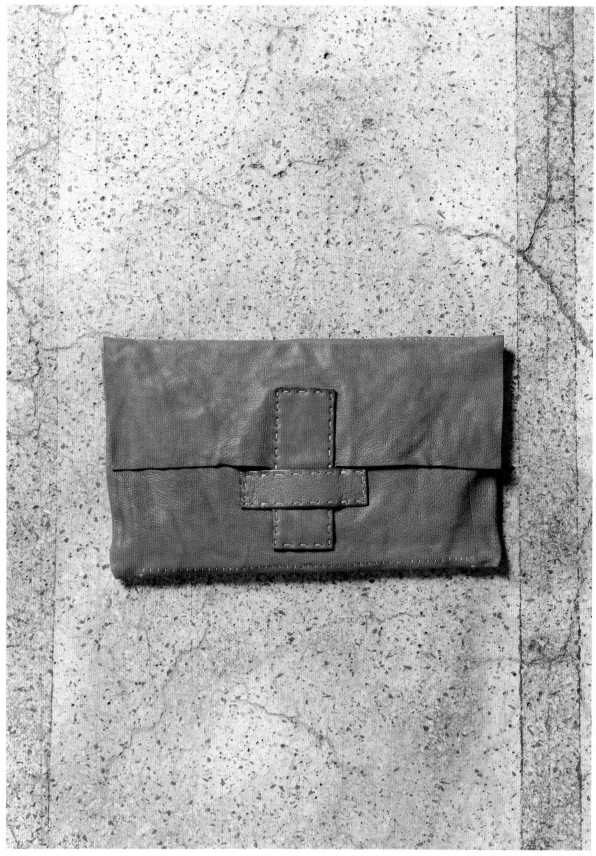

作法→p.68

露出針腳呈現粗獷的趣味性。

作法→p.70

作法→p.73

立體和平面。
所費的工夫沒甚麼差別。

作法→p.74

作法→p.75

假如要使用顏色，就用上質的皮革。
或者塗色。

作法→ p.76

3, 高級篇

重點在提把，帶點正式的感覺。

作法→p.80

作法→p.78

充滿質感，看不膩的提包。

作法→p.81

作法→ p.90

稍有耐性是不可或缺的。

作法→p.82

作法→ p.84

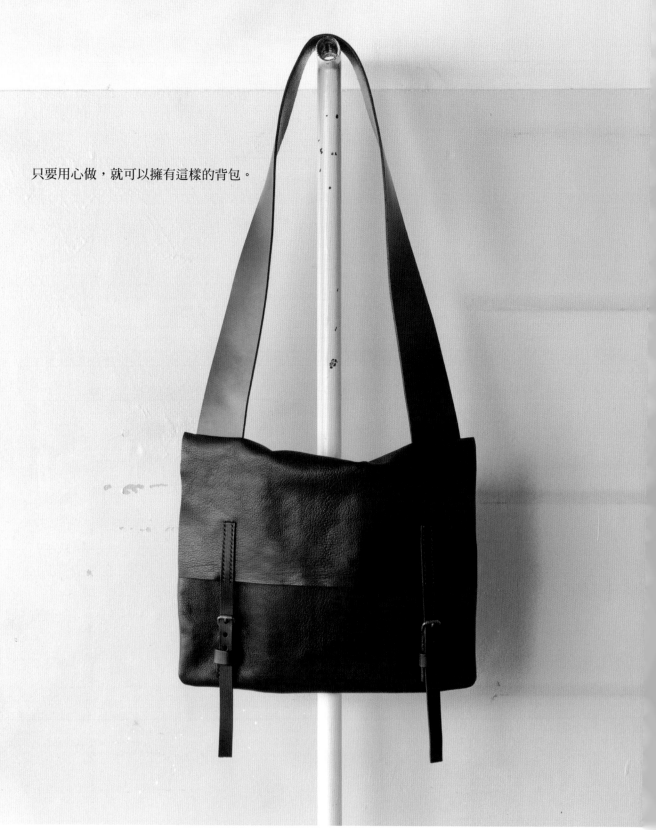

只要用心做，就可以擁有這樣的背包。

作法→p.86

作法→p.88

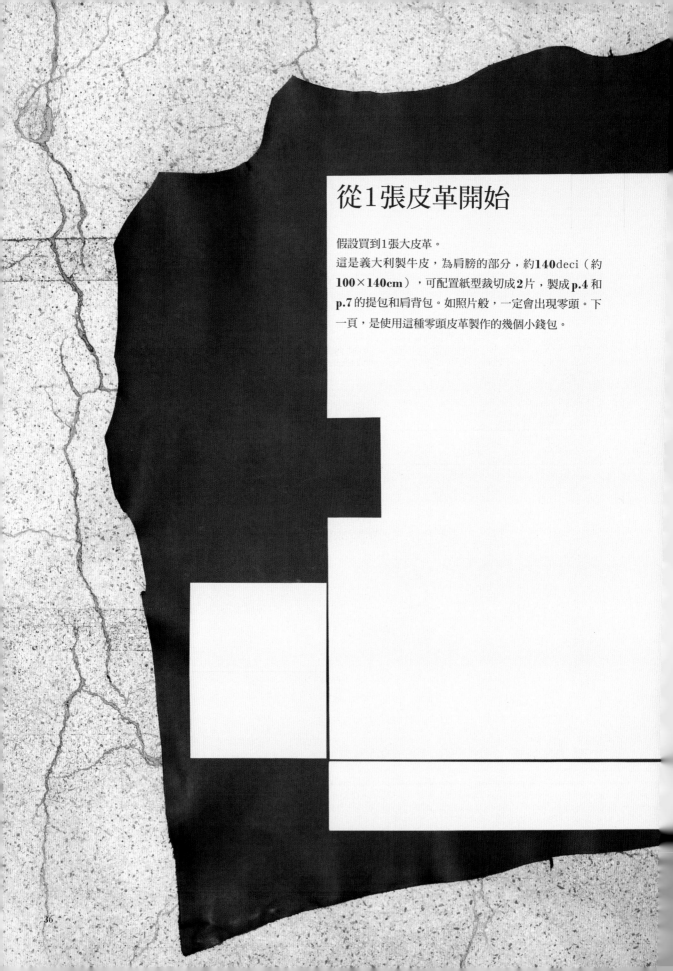

從1張皮革開始

假設買到1張大皮革。

這是義大利製牛皮，為肩膀的部分，約**140deci**（約**100×140cm**），可配置紙型裁切成**2**片，製成 **p.4** 和 **p.7** 的提包和肩背包。如照片般，一定會出現零頭。下一頁，是使用這種零頭皮革製作的幾個小錢包。

A

C

B

D

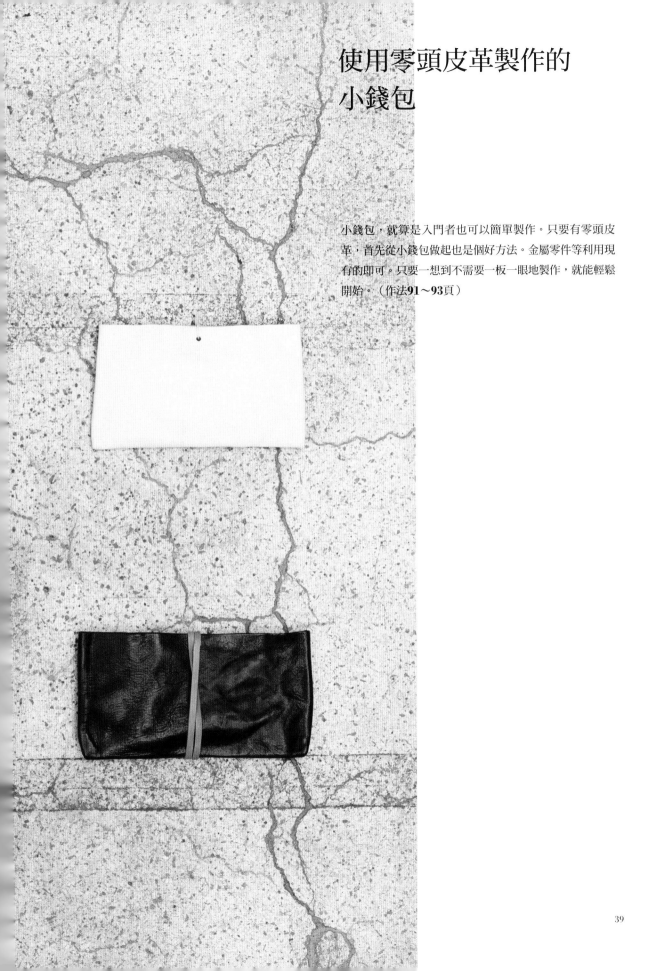

使用零頭皮革製作的
小錢包

小錢包，就算是入門者也可以簡單製作。只要有零頭皮革，首先從小錢包做起也是個好方法。金屬零件等利用現有的即可。只要一想到不需要一板一眼地製作，就能輕鬆開始。（作法**91～93**頁）

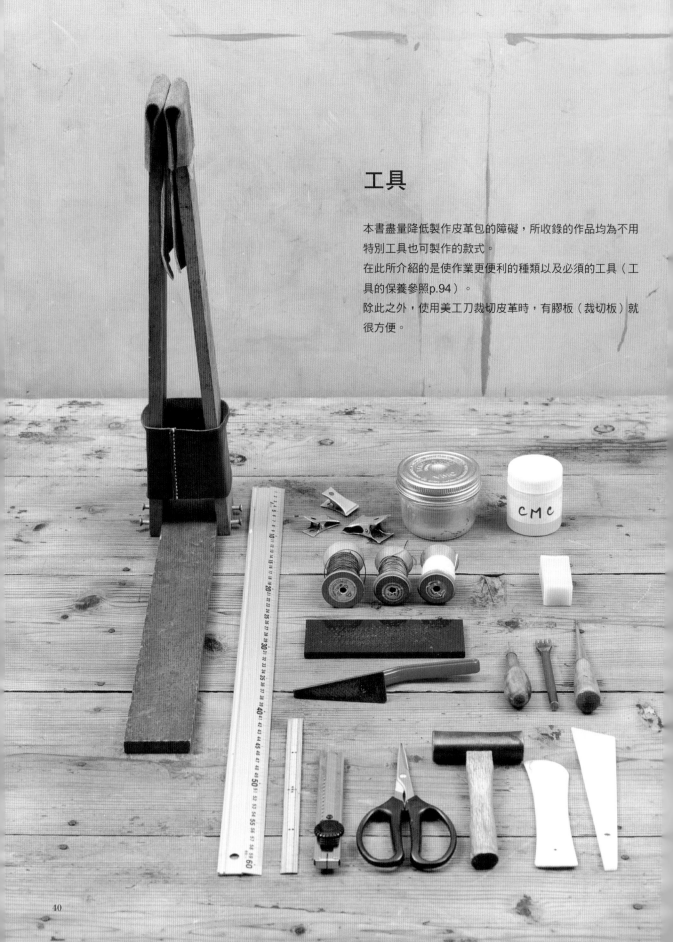

工具

本書盡量降低製作皮革包的障礙，所收錄的作品均為不用特別工具也可製作的款式。

在此所介紹的是使作業更便利的種類以及必須的工具（工具的保養參照p.94）。

除此之外，使用美工刀裁切皮革時，有膠板（裁切板）就很方便。

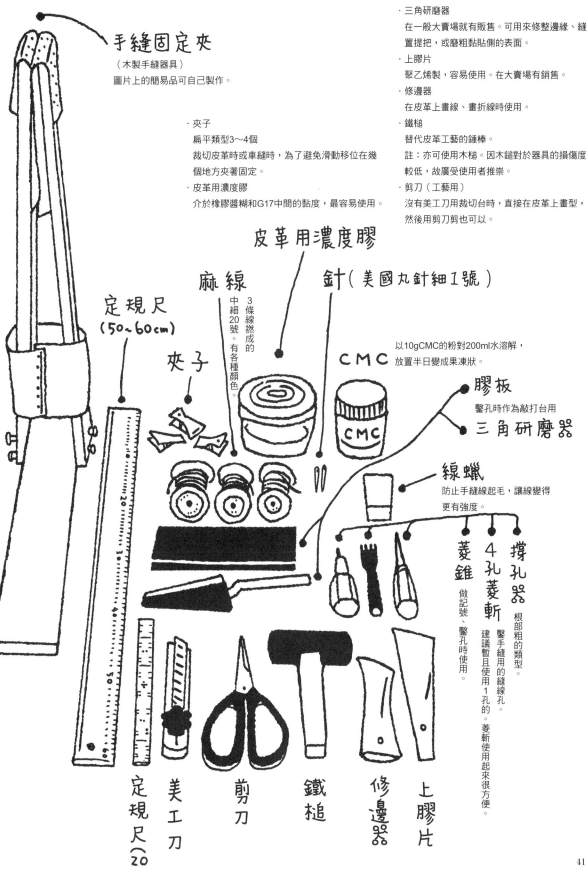

手縫固定夾

（木製手縫器具）
圖片上的簡易品可自己製作。

・夾子
扁平類型3～4個
裁切皮革時或車縫時，為了避免滑動移位在幾
個地方夾著固定。

・皮革用濃度膠
介於橡膠醬糊和G17中間的黏度，最容易使用。

・三角研磨器
在一般大賣場就有販售。可用來修整邊緣、縫
置提把，或磨粗黏貼側的表面。

・上膠片
聚乙烯製，容易使用。在大賣場有銷售。

・修邊器
在皮革上畫線、畫折線時使用。

・鐵槌
替代皮革工藝的錘棒。
註：亦可使用木槌。因木鎚對於器具的損傷度
較低，故廣受使用者推崇。

・剪刀（工藝用）
沒有美工刀用裁切台時，直接在皮革上畫型，
然後用剪刀剪也可以。

定規尺
（50~60cm）

麻線
中細20號。
3條線撚成的
有各種顏色。

皮革用濃度膠

針（美國丸針細1號）

夾子

以10gCMC的粉對200ml水溶解，
放置半日變果凍狀。

CMC

膠板
鑿孔時作為敲打台用

三角研磨器

線蠟
防止手縫線起毛，讓線變得
更有強度。

菱錐
做記號、鑿孔時使用。

4孔菱斬
鑿手縫用的縫線孔。
建議斬且使用1
孔的。菱斬使用
起來很方便。

撐孔器
根部粗的類型。

定規尺（20cm）

美工刀

剪刀

鐵槌

修邊器

上膠片

作法的基本

將植鞣革弄軟

脂分極少的植鞣革，對素人來說較不容易處理，
不過加油用手搓揉，即可出現適合手縫的柔軟度。
買到植鞣革時，請嘗試看看。

加上體重‼

將皮革放在作業台上，邊折疊邊加上體重向前
後活動，做出皺摺。從四面八方折入，讓整張
皮都有皺摺。在海綿或布上沾取保革油，在皮
面上塗幾次使皮變軟。

紙型的作法

P.19的紙型範例

實物大的紙型

使用美工刀畫刀痕，讓反折更方便。

只要紙的大小允許，可做另一面的紙型。

裁切

皮革的裁切，使用美工刀或剪刀均可。
紙型是用厚紙製作，用夾子確實固定在皮革上
（紙型要加上縫份）。

●使用剪刀裁剪的情形

皮革

紙型

用力

紙型

皮革

1 將粗裁的皮革和紙型用夾子固定，然後用菱
錐在周圍依紙型畫線。菱錐是壓在皮革上邊滑
動邊畫。

2 用菱錐作對準的記號。
3 依菱錐所畫的線，用剪刀裁剪。

●使用美工刀裁切的情形

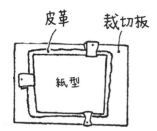

皮革　裁切板

紙型

皮革

紙型

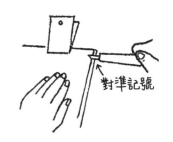

對準記號

將粗裁的皮革放在裁切板上，放上紙型，在
幾處夾住夾子固定避免滑動移位。

曲線以外的部份用定規尺抵住，依紙型用美
工刀裁切皮革。曲線是沿著紙型裁切。

使用美工刀作對準記號（2mm以內的短刀
痕）。

在皮革上鑿縫線孔

手縫皮革時，要先鑿好針孔才開始縫。孔是使用皮革用的撐孔器（本書是使用4孔菱斬）穿鑿。大致鑿穿設計上的針孔，也可以使用一般的撐孔器1個孔1個孔鑿穿。無論是哪種方法，都是在距離皮革邊緣0.3～0.5cm的地方用修邊器等確實拉線，然後沿著線鑿孔。

●使用4孔菱斬穿鑿的情形

將皮革放在裁切板或膠板上（圖是將2片皮革用濃度膠黏貼後才鑿縫線孔的情形），再把4孔菱斬放在使用修邊器畫出的線上，用鐵槌敲打鑿孔。將撐孔器的第一刃重疊在前次的最後刃孔上，即可等間隔鑿孔。

使用4孔菱斬鑿孔時，下面要鋪膠板！

●使用撐孔器鑿孔的情形

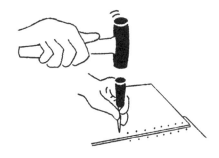

使用一般的撐孔器大約穿鑿縫線孔時，是沿著修邊器畫的線，以目測鑿孔。

線穿針

首先剪下適切長度的線，然後放在線蠟上來回拉動。
線蠟可以讓線更容易滑動，而且具有防止起毛的效果。
為了避免線在途中移動，依以下方法穿針。

針是使用美國丸針細1號。把針在混凝土面上研磨使針頭變圓（使用皮革用的針就不用這道作業）。

美工刀

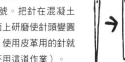

① 線是準備需要縫的長度的2.5～3.5倍＋針周圍鬆弛的分。線頭是用美工刀斜向切斷。

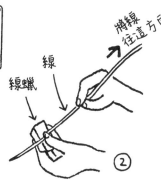

將線往這方向拉
線蠟　線

② 將整條線在線蠟上來回拉動。把線抵在線蠟上，用拇指腹夾著，再拉動。來回幾次拉線的動作。線頭大約7cm處要特別沾多一點線蠟。

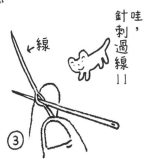

←線

③ 將針從距離線頭5～6cm的地方刺入。

針哇，刺過線！！

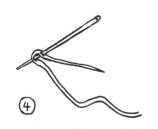

④ 完成3之後，將針再次刺入較長那一方的線的1cm處。

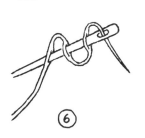

⑤ 接著，在較長那一方的1cm處再把針刺入（線變成S字形）。

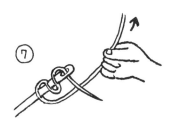

⑥ 把較短那一方穿過針孔，然後儘量拉。

⑦ 把較長那一方的線向針孔方向拉。

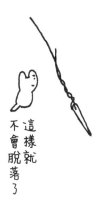

這樣就不會脫落了

使用手縫固定夾（木製手縫器具）的手縫（平針縫）

平針縫＝將針穿在1條線的兩端，邊交叉針邊進行縫製。

手縫時，使用手縫固定夾夾住2片皮革固定的方法。

縫提把時特別方便。這項器具市面上就有在販售，不過，也能使用3片板子自己製作。

參照P.43，把針穿在拉過線蠟的線的兩端。縫的方向，是從對面那一側向面前。

皮革太大無法使用手縫固定夾作平針縫時，就把皮革夾在膝蓋上來縫。

裡面放瓦楞紙就不會晃動。

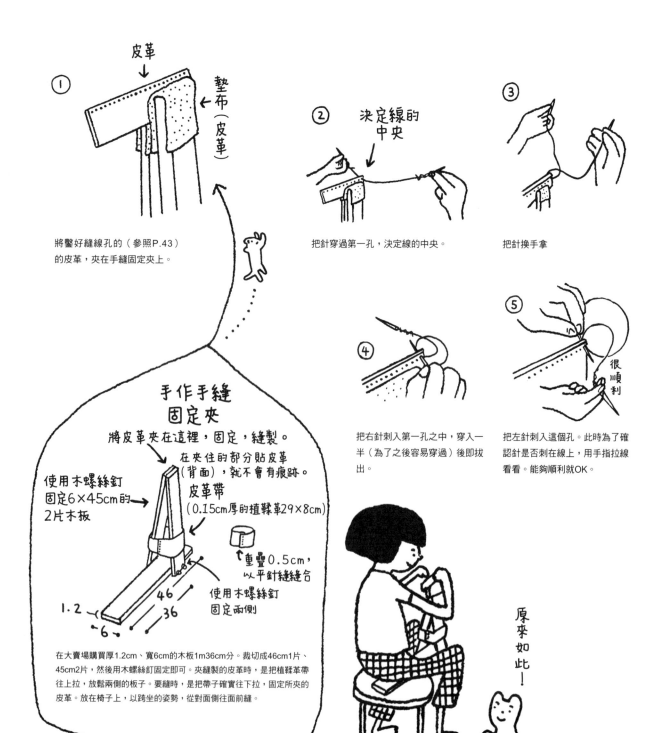

① 將鑿好縫線孔的（參照P.43）的皮革，夾在手縫固定夾上。

② 把針穿過第一孔，決定線的中央。

③ 把針換手拿

④ 把右針刺入第一孔之中，穿入一半（為了之後容易穿過）後即拔出。

⑤ 把左針刺入這個孔。此時為了確認針是否刺在線上，用手指拉線看看。能夠順利就OK。

手作手縫固定夾

將皮革夾在這裡，固定，縫製。

在夾住的部分貼皮革（背面），就不會有痕跡。

使用木螺絲釘固定6×45cm的2片木板

皮革帶（0.15cm厚的植鞣革29×8cm）

重疊0.5cm，以平針縫縫合

使用木螺絲釘固定兩側

在大賣場購買厚1.2cm、寬6cm的木板1m36cm分。裁切成46cm1片、45cm2片，然後用木螺絲釘固定即可。夾縫製的皮革時，是把植鞣革帶往上拉，放鬆兩側的板子。要縫時，是把帶子確實往下拉，固定所夾的皮革。放在椅子上，以跨坐的姿勢，從對面側往面前縫。

原來如此！

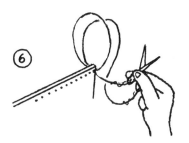

⑥ 用右手拉從左穿過的針。

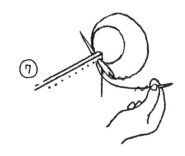

⑦ 在同一孔上，把右針從右向左刺入。此時也要確認針是否刺在線上。

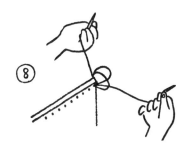

⑧ 用兩手拉，用力縮緊縫線孔。

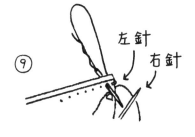

左針 右針

⑨ 把左針刺入下一孔，用右手拉出。

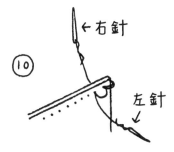

←右針

左針

⑩ 把右手的另一針刺入同一孔。

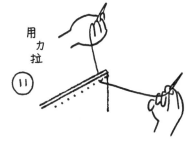

用力拉

⑪ 確認線是否纏在一起之後，用兩手拉線。

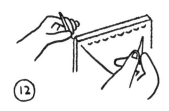

⑫ 反覆這動作。

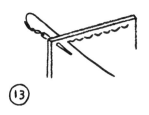

⑬ 縫到最後，把左針刺入，

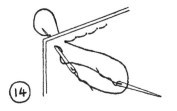

⑭ 把右針在來自左方的線上繞過1圈，然後像是把結打在皮革厚度的中央一樣把針向左穿過，

用力拉

⑮ 用力拉左右的線。

線是這樣縫

固 定 線

縫到最後固定線的方法。

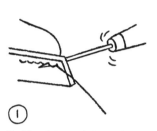

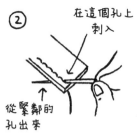

在這個孔上
刺入

從緊鄰的
孔出來

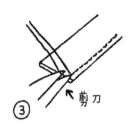

剪刀

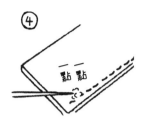

點 點

① 從手縫固定夾取下皮革，將菱錐從表面的最後一孔斜向刺入，然後從緊鄰的孔的背面出來。

② 拔出菱錐，把表側的針斜向刺入，

③ 在邊緣把線剪斷。

④ 使用菱錐的尖頭沾濃度膠（一般的白色類型）塗在剪斷的線上。

手 縫 1
回針縫
（也使用在縫上提把時）

不使用手縫固定夾，以手縫縫製的方法。
從表面看，就和使用手縫固定夾的平針縫一樣。
在縫上提把時，也經常使用的縫法。
縫線孔，是把2片皮革用濃度膠黏貼後，才鑿孔。

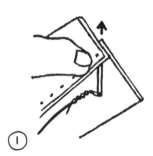

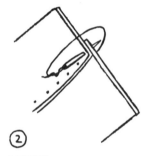

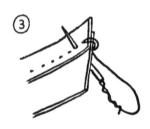

① 線頭打個結。將針刺入第1縫線孔的皮革和皮革之間。

② 作2次捲縫。

③ 從第2孔的背面刺入，作回針縫。

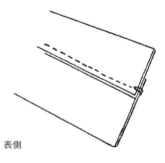

表側　　　背側

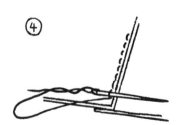

④ 縫到最後，作2次捲縫，打結。

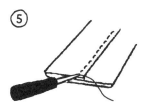

⑤ 將菱錐斜向刺入打結的孔上，

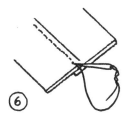

⑥ 拔出來，把針刺入，

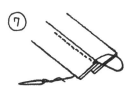

⑦ 在背面拔出來，

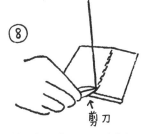

⑧ 剪斷線，用菱錐的尖頭沾濃度膠（白色類型）塗在剪斷的地方。

手縫2
單平縫
（也使用在縫上提把時）

不使用手縫固定夾，以手縫縫製的方法。縫線孔的樣式為橫向平行跨過，和平針縫略有不同，會有手作的趣味性。
這是縫上提把時也會使用的縫法。縫線孔，是把2片皮革用濃度膠黏貼後才鑿孔。
使用在P.9、P.24、P28的作品上。

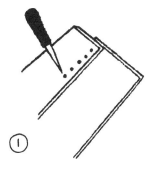

① 縫線孔是用撐孔器大約鑿孔。只不過，上和下的孔必須並行。下面的孔是在上面皮革的邊緣鑿孔。

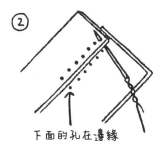

下面的孔在邊緣

② 線頭打結。始縫是從皮革之間插入針，隱藏線頭的結。

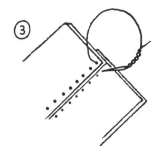

③ 把線從左向右跨過。

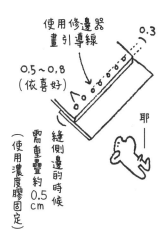

使用修邊器畫引導線

0.3

0.5~0.8
（依喜好）

耶——

縫側邊的時候需重疊約0.5cm
（使用濃度膠固定）

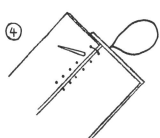

④ 往下一段。

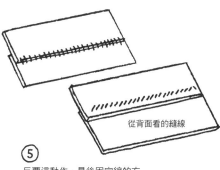

從背面看的縫線

⑤ 反覆這動作。最後固定線的方式，參照P.46。

47

手縫3

雙平縫
（也使用在縫上提把時）

在和手縫2相同的縫線孔上，向縱和橫跨過線的縫法。
外觀較陽剛，是在運動用品上也能看到的牢固縫法。
縫線孔，是把2片皮革用濃度膠黏貼後，才鑿孔。
使用在P.8、P13的作品上。

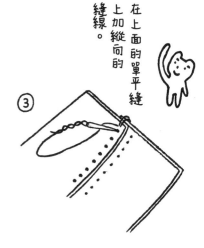

在上面的單平縫上加縱向的縫線。

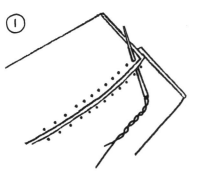

① 線頭打結。和手縫2一樣鑿縫線孔，第1孔是將針從皮革之間刺入，再從表側拔出。

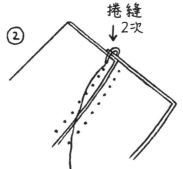

捲縫2次

② 作捲縫。

③ 刺入第2孔。

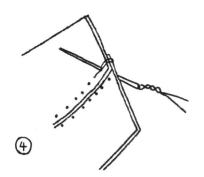

④ 從背後回到第1孔刺入。

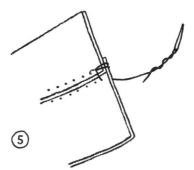

⑤ 從表面向橫孔刺入。

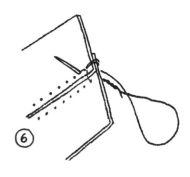

⑥ 把針從第2孔的背後刺入。

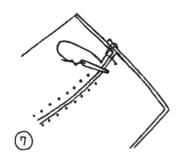

⑦ 把針從表面向第2孔的橫孔刺入。

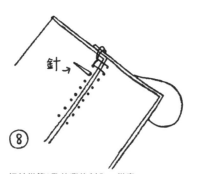

針

⑧ 把針從第3孔的背後刺入，從表面回到第2孔刺入，從第3孔的背後把針刺入，接著向橫孔……如此繼續縫製。最後固定線的方式，參照P.46。

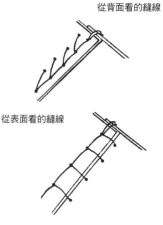

從背面看的縫線

從表面看的縫線

皮革邊緣的處理

打磨邊緣

皮革在剛裁切好的時候，邊緣是粗糙不平的。
裁切邊緣露在表面的部分，使用三角研磨器打磨變平滑（僅植鞣革），
然後再用布沾CMC打磨修飾。
提把或包包的周圍等重疊2片皮革的部位，
是縫合後再進行這項作業。

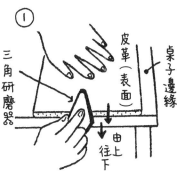

① 使用美工刀把裁切邊緣（或黏貼2片皮革的邊緣）修整後，再用三角研磨器磨整齊。為了避免皮革的表面（銀面）往上掀開，三角研磨器是由上往下打磨。

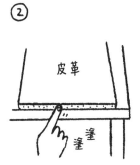

② 用手指沾CMC來塗。

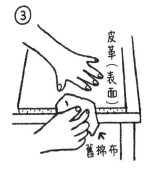

③ 使用舊棉布等打磨塗的地方。

p.04

僅使用固定釦固定而已，不用縫就可以做的超級簡單提包。
邊緣是使用三角研磨器修整，再用CMC打磨。

材料和工具

厚度1.5～1.6mm的植鞣牛皮
50×70cm1片（袋身）、6.5×65cm2片
（提把）（合計75×75cm）
一面固定釦（中）48個
固定釦工具（中）
7號（2.1mm）圓斬
修邊器、定規尺、鐵槌、美工刀、三角研磨器
菱錐、膠板、CMC、皮革用濃度膠

作法

1 將各零件依紙型裁切必要的片數。

2 將皮革的切口用三角研磨器修整，再用
CMC打磨。

3 在袋身裝提把的位置，使用菱錐作記號。

4 使用圓斬，在側邊（僅一側）、底襠、提
把上鑿固定釦用的洞孔。

5 使用濃度膠將提把黏貼在裝提把的位置
上，使用圓斬貫穿固定釦用的洞孔。然後用一
面固定釦裝上提把。

6 將袋身對準中表，在兩側的邊緣5mm處
塗上濃度膠黏貼（參照圖），使用圓斬貫穿固
定釦用的洞孔，然後用一面固定釦固定。

7 底襠和側邊一樣，用濃度膠黏貼，再用一
面固定釦固定。

8 翻回表面，噴霧弄濕，搓揉整體，然後用
乾布打磨表現中古質感。

完成

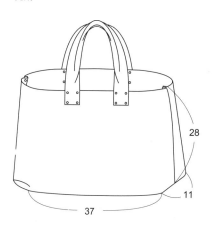

提把（2片）

裝提把的位置

袋身（1片）

底部基準線

側邊的對準法

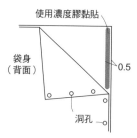

使用濃度膠黏貼

袋身
（背面）

0.5

洞孔

底襠的對準法

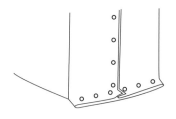

p.05

僅使用小型固定釦固定，不用縫就可以做的超簡單提包。

材料和工具
厚約1mm的拿帕豬皮
35×70cm1片（袋身）、7×60cm2片（提把）（合計50×70cm）
一面固定釦（小）48個
固定釦工具（小）
7號（2.1mm）圓斬
修邊器、定規尺、鐵槌、美工刀、膠板、皮革用濃度膠

作法

1　將各零件依紙型裁切必要的片數。

2　在袋身裝提把的位置作記號。

3　用圓斬在提把上鑿固定釦用的孔。

4　使用濃度膠將提把黏在裝提把的位置上，然後用圓斬貫穿孔。讓一面固定釦的背面露出於表面的方式來安裝，裝上提把。

5　將袋身對準中表，兩側邊在距離邊緣5mm處使用濃度膠黏貼，在距離邊緣5mm的位置使用圓斬鑿固定釦用的孔，然後裝上一面固定釦固定。

6　翻回表面，整理形狀。

完成

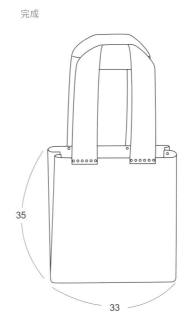

＊提把沒有實物大紙型，
請參照圖的尺寸裁切。

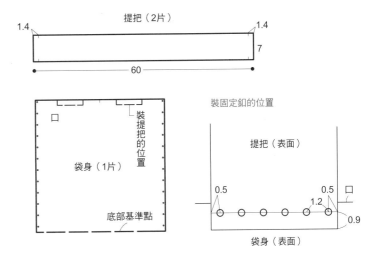

51

p.06

如購物袋般單純的形狀。將軟皮革使用車縫製作。

材料和工具

厚0.6～0.8mm的衣料用拿帕皮革
46×74.5cm2片（合計50×150cm）
修邊器、定規尺、剪刀、
夾子、30號縫車線（尼龍）

作法

1　依紙型裁切2片。

2　對準中表，以5mm的縫份將袋身的部分
用車縫縫起來。

3　將提把對準中表，以5mm的縫份縫起
來。將縫份一邊翻過來從表面壓著車縫（參照
圖）。

＊為了防止滑動，使用縫紉機車縫時用2～3
個夾子固定皮革。

＊車縫，盡可能使用皮革用車縫針和鐵氟龍板
就容易縫了。20～30號的線是使用16～18號
的針。

完成

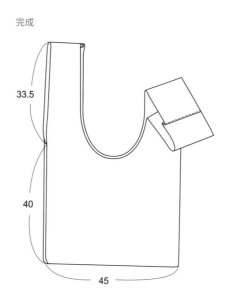

33.5

40

45

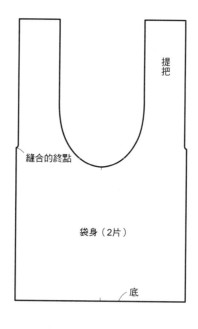

提把

縫合的終點

袋身（2片）

底

提把的縫合法

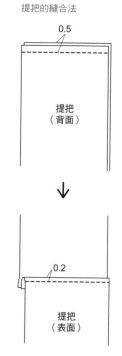

0.5

提把
（背面）

0.2

提把
（表面）

52

p.07

使用厚的植鞣革一層就完成，簡單但外觀搶眼的肩背包。

材料和工具
厚1.5～1.6mm的植鞣牛皮
34×60cm1片（袋身）、21×17cm1片
（內袋）、8cm×1m10cm1片（肩帶）
（合計45cm×1m10cm）
直徑0.6cm的原子扣1個
15號（4.5mm）、7號（2.1mm）圓斬
麻線、線蠟、縫針、修邊器、定規尺、美工
刀、三角研磨器、4孔菱斬、鐵槌、菱錐、膠
板、CMC、皮革用濃度膠
手縫固定夾（有無皆可，回縫時不需要）

作法

1　將各零件依紙型裁切必要的片數。使用三
角研磨器修整切口，再用CMC打磨。

2　在裝後袋身的肩帶、裝內袋的針腳位置
上，使用4孔菱斬鑿縫線孔。

3　以縫份5mm將內袋用濃度膠黏貼在後袋
身的背面側，貫穿縫線孔後以回針縫縫合。

4　以縫份3mm將肩帶用濃度膠黏貼在後袋
身的背面側，貫穿縫線孔後以回針縫縫合（參
照圖）。

5　使用7號圓斬在後袋身鑿原子扣用的孔。
使用15號圓斬在前袋身的相同位置鑿孔（參
照圖）。

6　使用三角研磨器將距離裁切邊的3mm處
弄粗糙，將袋身對準中表後對折，邊緣使用濃
度膠黏貼。在距離邊緣3～4mm的地方用修
邊器畫線，使用4孔菱斬鑿針腳用的孔，以平
針縫或回針縫縫合。縫合的開始和最後，都要
確實作捲縫。

7　在5於後袋身上所鑿的孔中，裝上原子
扣。

完成（後側）

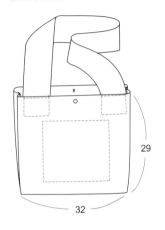

＊肩帶沒有實物大紙型，
請參照圖的尺寸裁切。

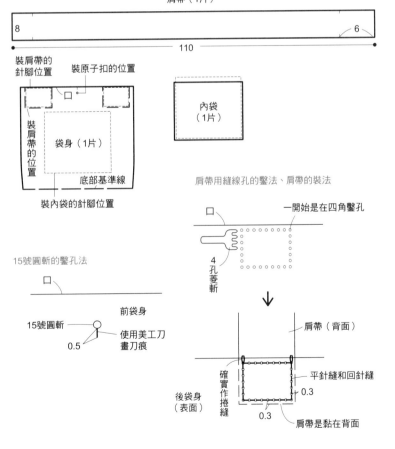

＊內袋也以相同要領裝上

p.08

由於是使用1整片的山羊（goat）皮革，因此會因皮革而改變大小。

材料和工具

厚1.2～1.5mm的植鞣山羊皮革約60～70
Deci 1片（1 Deci＝10 x 10cm）

麻線、線蠟、縫針、

修邊器、定規尺、美工刀、膠板、

撐孔器、鐵槌、CMC、皮革用濃度膠

作法

1 將袋身和提把依圖示裁切（袋身的寬、長
是依皮革大小而有變更）。

2 使用CMC打磨皮革的切口。

3 將袋身的邊緣相疊1.5cm，使用撐孔器
鑿針腳的孔（參照圖），以雙平縫縫合（參照
P.48）。

4 像是使袋身的針腳在中心般在中表對折，
以1cm的縫份縫合底部。

5 將提把的寬度對折，用濃度膠黏貼。

6 使用濃度膠將提把黏貼在裝提把的位置，
使用撐孔器鑿針腳的孔，以麻線用平針縫或回
針縫縫上（參照圖）。

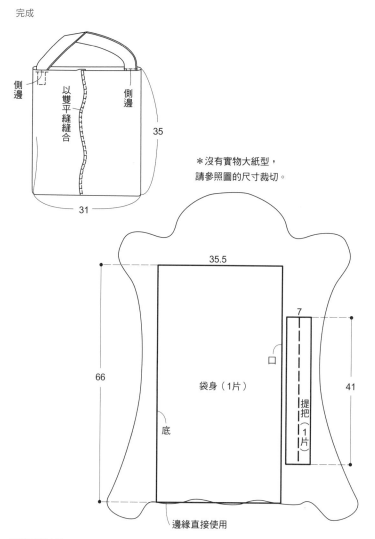

完成

*沒有實物大紙型，
請參照圖的尺寸裁切。

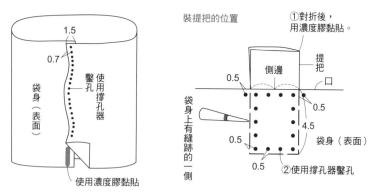

邊緣的縫合法

裝提把的位置

p.09

簡單，但外觀卻很正式的提包。若有手縫固定夾，就作平針縫或回針縫。

材料和工具

厚1.2～1.5mm的植鞣山羊皮革（袋身）
38×35cm2片（合計40×70cm）
厚3mm的植鞣牛皮（提把）
2×35cm2片
麻線、線蠟、縫針、
修邊器、定規尺、美工刀、
撐孔器、4孔菱斬、鐵槌、
膠板、CMC、皮革用濃度膠
手縫固定夾（有無皆可，做回針縫的話就不需要）

作法

1　各零件依紙型裁切必要的片數。
2　將袋身的開口部分、提把的周圍使用CMC打磨。
3　將袋身裝提把的位置使用三角研磨器弄粗糙，將提把用濃度膠黏貼。使用撐孔器鑿縫線用的孔，再用麻繩縫起來（參照圖）。
4　將袋身對準中表，使用濃度膠將側邊、底的縫份（5mm）黏起來。
5　在距離側邊、底部的邊緣4～5mm的地方，用修邊器畫線後，用4孔菱斬鑿縫線用的孔，再使用麻線作平針縫或回針縫。收拾底部縫份的線頭（參照圖）。
6　翻回表面整理形狀，噴霧弄濕。在整體弄出皺紋，呈現中古感。

完成

37.5

33

＊肩帶沒有實物大紙型，
請參照圖的尺寸裁切。

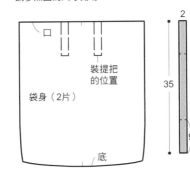

底部縫份的處理

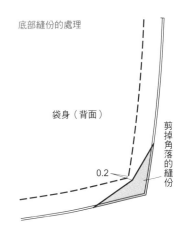

提把的縫線孔位置

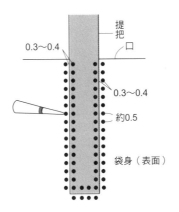

提把的裝法

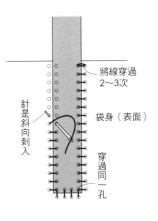

p.10

薄又容易處理的皮革，因此以車縫縫製，不過，使用麻線和4孔菱斬作手縫亦可。

材料和工具

厚1mm的豬皮

27×80cm1片（袋身）、17×15.5cm1片
（內袋）、2.5×46cm2片（提把）
（合計45×80cm）

30號車縫線（尼龍）

麻線、線蠟、縫針、

修邊器、定規尺、剪刀、菱錐、4孔菱斬、
膠板、夾子、皮革用濃度膠、

水性樹脂染劑（乳白色）

作法

1　各零件依紙型裁切必要的片數。

2　在內袋的針腳位置、塗染劑的位置用修邊
器畫線。在塗染劑的兩面作記號。將內袋抵在
背側用濃度膠黏貼，在針腳位置的四角用菱錐
作記號，從表面用車縫縫起來。為了防止滑
動，縫的時候用2～3個夾子固定好皮革。

3　折向中表，側邊以4～5mm的縫份縫起
來。剝開裝提把位置的縫份後用濃度膠黏貼
（參照圖）。翻回表面整理形狀。

4　製作提把，裝上（參照圖）。

5　沿著在步驟2用修邊器所畫出的線塗染
劑。

完成

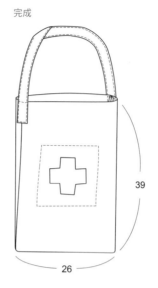

39

26

提把的作法、裝法

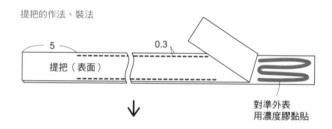

提把（2片）

6

46

2.5

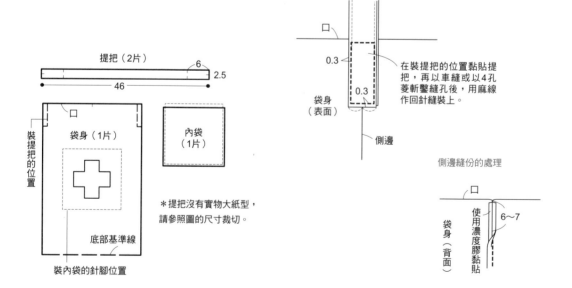

袋身（1片）

底部基準線

裝提把的位置

裝內袋的針腳位置

內袋
（1片）

＊提把沒有實物大紙型，
請參照圖的尺寸裁切。

p.11

使用天然色的麻帶在口的部分繞一圈，呈水桶型的提包是使用車縫縫合。

材料和工具

厚0.8～1.0mm的拿帕牛皮

69×35cm1片（袋身）、6×58cm2片

（提把）、16×16cm1片（內袋）、

直徑22cm的圓形1片（底）

（合計70×80cm）

麻（或棉）帶2cm寬90cm

30號車縫線（尼龍）

麻線、線蠟、縫針、

修邊器、定規尺、美工刀、撐孔器、膠板、

夾子、CMC、皮革用濃度膠

作法

1　各零件依紙型裁切必要的片數。在裝內袋的針腳位置用修邊器畫線。

2　將袋身對準中表，為了避免滑動用夾子夾住，後面中心用車縫縫起來。剝開縫份用濃度膠黏貼。

3　在內袋的口、袋身的開口部分用帶子作出邊緣（參照圖）。袋身開口部分的帶子的縫跡，是在提把的背側（參照 P.77）。

4　將內袋用濃度膠黏在背側，然後從表面用車縫縫起來。

5　將袋身和底部對準記號處，對準中表，用夾子夾住避免滑動（參照P.79），用車縫縫起來。

6　裝提把（參照圖）。

完成

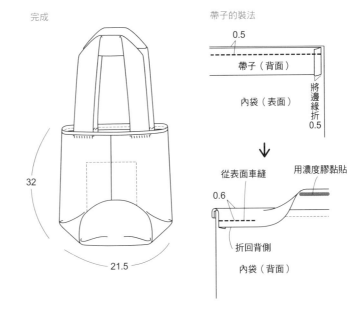

32

21.5

帶子的裝法

0.5

帶子（背面）

內袋（表面）

將邊緣折

0.5

從表面車縫

用濃度膠黏貼

0.6

折回背側

內袋（背面）

提把的裝法

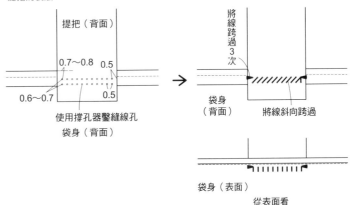

提把（背面）

0.7～0.8　0.5

0.6～0.7　0.5

使用撐孔器鑿縫線孔

袋身（背面）

將線跨過3次

袋身（背面）

將線斜向跨過

袋身（表面）

從表面看針腳是筆直

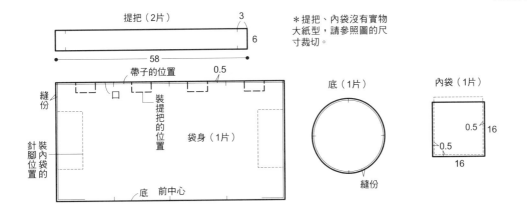

提把（2片）

3

6

58

＊提把、內袋沒有實物大紙型，請參照圖的尺寸裁切。

帶子的位置　0.5

縫份

口

裝提把的位置

袋身（1片）

針腳位置

裝內袋的

底　前中心

底（1片）

縫份

內袋（1片）

0.5　16

0.5

16

p.12

薄又容易處理的皮革，因此以車縫縫製，不過，使用麻線和4孔菱斬作手縫亦可。

材料和工具

厚約1.0mm的豬皮

45×65cm1片（袋身）、16×1m2cm1片
（肩帶）、23×17cm1片（內袋）
（合計65×1m10cm）

直徑2cm的釦勾1組

30號車縫線（尼龍）

線蠟、定規尺、美工刀、膠板、
夾子、菱錐、CMC、皮革用濃度膠

作法

1　各零件依紙型裁切必要的片數。袋身的側
邊以外的切口，都用CMC打磨（RUSSETY
的情形）。

2　在袋身的背側，除內袋開口以外的3邊以
5mm寬用濃度膠黏貼，然後從表側用車縫縫
起來。

3　將袋身對準中表，用夾子固定避免滑動，
然後把側邊用車縫縫起來。剝開距離開口8～
9cm的縫份用濃度膠黏貼（參照P.56）。將
袋身翻回表面，整理形狀。

4　在肩帶的兩端，車縫位置用修邊器畫線
（參照圖），縱向對折。

5　用濃度膠將肩帶黏在袋身裝肩帶的位置
上，然後用車縫縫起來（參照圖）。

6　裝釦勾。縫孔用菱錐鑿孔。

完成

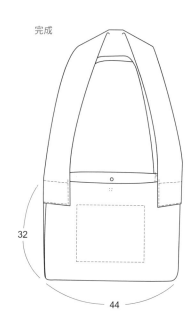

32

44

肩帶記號的裝法

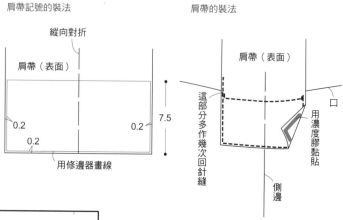

縱向對折

肩帶（表面）

0.2　　　0.2

0.2

用修邊器畫線

7.5

肩帶的裝法

肩帶（表面）

這部分多作幾次回針縫

用濃度膠黏貼

側邊

肩帶（1片）

16

8

102

＊肩帶沒有實物大紙型，
請參照圖的尺寸裁切。

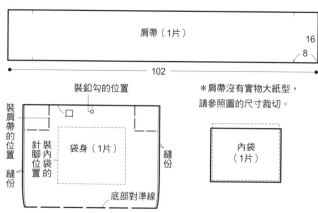

裝釦勾的位置

裝肩帶的位置
縫份

針腳
裝內袋的位置

袋身（1片）

縫份

底部對準線

內袋
（1片）

p.13

直接使用皮革邊緣的簡單作法，不需要紙型，直接裁切。

材料和工具

厚1.5～1.6mm摔花的植鞣牛皮
（合計約60×90cm）
麻線、線蠟、縫針、
修邊器、定規尺、美工刀、三角研磨器、
撐孔器（或4孔菱斬）、鐵槌、菱錐、
膠板、CMC、皮革用濃度膠

作法

1　利用皮革的邊緣裁出袋身和提把（不做紙型，直接裁切皮革）。

2　使用三角研磨器修整皮革的切口、邊緣，再用CMC打磨。在底部針腳位置用撐孔器鑿縫線孔（參照圖）。在裝提把位置的背側用修邊器作記號。

3　縫袋身的邊緣（參照P.54）。

4　像是讓中心在針腳上般，在中表上對折，縫合底部，翻回背面縫襠（參照圖）。

5　製作提把（參照圖），裝上。提把是在袋身的背面用濃度膠黏貼，貫穿縫線孔後以平針縫縫起來。

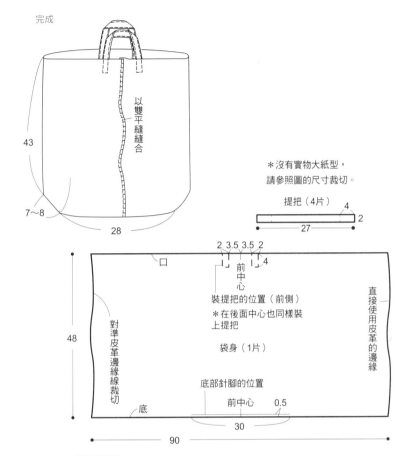

完成

以雙平縫縫合

43
7～8
28

＊沒有實物大紙型，請參照圖的尺寸裁切。

提把（4片）
4
2
27

2 3.5 3.5 2
4
前中心
口
裝提把的位置（前側）
＊在後面中心也同樣裝上提把

袋身（1片）

對準皮革邊緣線裁切
底

底部針腳的位置
前中心　0.5
30

48

直接使用皮革的邊緣

90

底部針腳位置

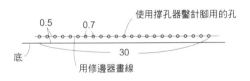

0.5　0.7
使用撐孔器鑿針腳用的孔
30
底
用修邊器畫線

底部的縫法

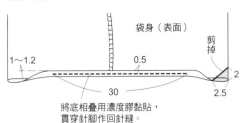

袋身（表面）
剪掉
1～1.2　0.5　2
30　2.5
將底相疊用濃度膠黏貼，貫穿針腳作回針縫。

提把的作法

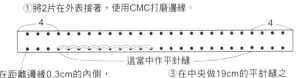

①將2片在外表接著，使用CMC打磨邊緣。
4　4
這當中作平針縫
②在距離邊緣0.3cm的內側，以1cm間隔用撐孔器鑿孔。
③在中央做19cm的平針縫之後，裝在袋身的安裝位置上。

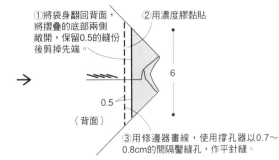

①將袋身翻回背面，將摺疊的底部兩側敞開，保留0.5的縫份後剪掉先端。
②用濃度膠黏貼
6
0.5
（背面）
③用修邊器畫線，使用撐孔器以0.7～0.8cm的間隔鑿縫孔，作平針縫。

p.14

將容易處理又價廉的豬皮使用車縫縫製。在折之前使用修邊器，就能漂亮完成。

材料和工具

厚1.0 mm的豬皮

29×19cm2片（袋身）、13×94cm1
片（提把）、3.5×7cm2片（舌片）、
14×23cm1片（口袋）（合計45cm×1m）

拉鍊20cm1條

釦勾（大）1組

30號（9mm）圓斬

30號車縫線（尼龍）

修邊器、定規尺、美工刀、膠板、
夾子、皮革用濃度膠

作法

1　各零件依紙型裁切必要的片數。

2　使用修邊器在距離袋身開口邊緣8mm的
位置畫折返線。

3　將釦勾裝在舌片上之後，對折，用濃度膠
黏在袋身的開口（內側）上。

4　在袋身裝口袋的針腳位置上，用修邊器畫
線。

5　在口袋鑿拉鍊用的孔，裝上拉鍊。在袋身
的內側對準針腳的位置，用濃度膠黏貼口袋，
然後從表側以車縫固定（參照圖）。

6　將袋身的開口反折，用濃度膠黏起來。

7　用修邊器在提把邊緣（底中心）5mm的
位置畫線。

8　將底中心對準中表，將5mm的縫份縫起
來，剝開，用濃度膠把縫份黏起來。

9　將袋身和底、檔對準中表，以5mm的縫
份縫起來。

10　摺疊提把部分的邊緣，用濃度膠黏貼，從
袋身的開口繼續用車縫縫合（參照圖）。

完成

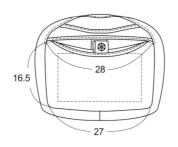

28

16.5

27

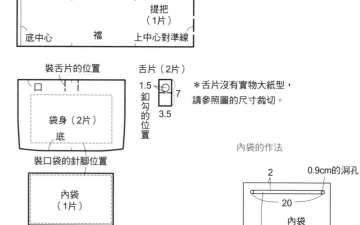

提把
（1片）

底中心　　檔　　上中心對準線

裝舌片的位置

口

袋身（2片）

底

裝口袋的針腳位置

內袋
（1片）

舌片（2片）

1.5　釦勾的位置

7

3.5

＊舌片沒有實物大紙型，
請參照圖的尺寸裁切。

內袋的作法

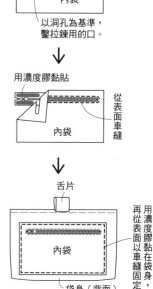

2　0.9cm的洞孔

20

內袋

以洞孔為基準，
鑿拉鍊用的口。

↓

用濃度膠黏貼

內袋

從表面車縫

↓

舌片

內袋

袋身（背面）

用濃度膠黏在袋身，再從表面以車縫固定。

車縫的縫法

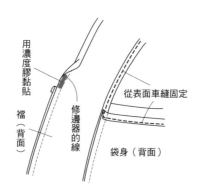

用濃度膠黏貼

檔（背面）

修邊器的線

從表面車縫固定

袋身（背面）

p.16

將口反折，呈現背面皮革的造型。

材料和工具

厚1.0～1.2mm的拿帕山羊皮
38×90cm1片（袋身）
厚2.5～3mm的植鞣牛皮
2×60cm2片（提把）
30號車縫線（尼龍）
麻線、線蠟、縫針、
修邊器、定規尺、美工刀、膠板、
夾子、CMC、皮革用濃度膠

作法

1　各零件依紙型裁切必要的片數。使用CMC打磨提把的切口。

2　在袋身反折的位置用修邊器畫線。

3　將袋身對準中表，側邊用夾子固定避免滑動，使用縫紉機縫合。翻回表面，將底角的部分整理成自然的弧形。

4　反折袋身的開口部分（參照圖）。

5　裝提把（參照圖）。

完成

34.5

27

口的反折法

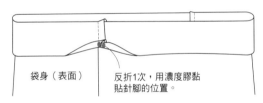

袋身（表面）　反折1次，用濃度膠黏貼針腳的位置。

↓

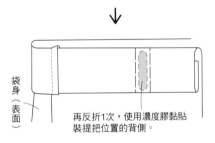

袋身（表面）

再反折1次，使用濃度膠黏貼裝提把位置的背側。

＊提把沒有實物大紙型，
請參照圖的尺寸裁切。

提把（2片）

2

60

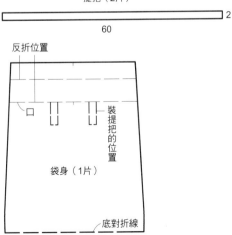

反折位置

口

裝提把的位置

袋身（1片）

底對折線

提把的裝法

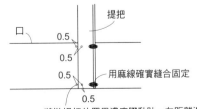

口

提把

0.5

0.5

0.5

用麻線確實縫合固定

0.5

將裝提把位置用濃度膠黏貼，在距離邊緣0.5cm的位置和提把的邊緣，用撐孔器鑿縫線孔。

p.17

在圓形皮革的周圍穿上繩索的荷包型提袋。

材料和工具

厚1.2〜1.5mm的植鞣山羊皮直徑50cm的圓
形1片（袋身）、1.6×85cm2片（繩索）、
6×3cm2片（補強布）（合計60×85cm）
40號（12mm）圓斬
麻線、線蠟、縫針、
修邊器、定規尺、剪刀或美工刀、
4孔菱斬、鐵槌、
膠板、CMC、皮革用濃度膠

作法

1 各零件依紙型裁切必要的片數。

2 使用圓斬鑿穿繩索用的孔，切口用CMC
打磨。

3 將補強布用濃度膠黏在袋身上，使用圓斬
貫穿穿繩索的孔。使用4孔菱斬鑿縫線孔，以
平針縫縫起來。

4 將繩索的寬度對折，用濃度膠黏貼。用4
孔菱斬在寬的中央部位鑿縫線孔，縫的開始和
結束皆以捲縫處理，其餘作並縫縫起來。

5 抵住兩側的補強布，從孔穿過繩索（參照
圖）。

完成

20

21

繩索的作法

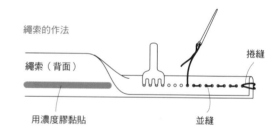

繩索（背面）

捲縫

用濃度膠黏貼

並縫

＊繩索沒有實物大紙型，請參照圖的尺寸裁切。

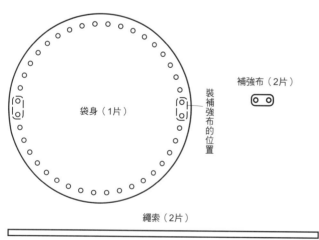

袋身（1片）

裝補強布的位置

補強布（2片）

繩索（2片）

85

1.6

繩索的穿法

邊緣相合後打結

讓兩條繩索各別從兩端
補強布的位置，依序穿
過表裡的洞孔之中。

袋身（背面）

p.18

山羊皮的大小恰恰好，因此作品是使用山羊皮，不過，容易購得的牛皮亦可。

材料和工具
厚1.2～1.5mm的拿帕皮（牛或山羊皮）
62×84cm1片（袋身）
厚3mm的植鞣牛皮2×78cm2片（提把）
薄皮帶2cm寬60cm
麻線、線蠟、縫針、
修邊器、定規尺、美工刀、三角研磨器、
4孔菱斬、鐵槌、菱錐、膠板、
CMC、皮革用濃度膠

作法

1 各零件依紙型裁切必要的片數。使用修邊器畫凹下的線。

2 使用三角研磨器修整提把的切口後，再用CMC打磨。

3 縫側邊（參照圖）。

4 使用4孔菱斬在提把上鑿縫線用的孔。

5 將袋身的凹下線折好後，用濃度膠黏貼。將提把用濃度膠黏貼，用菱錐貫穿縫線孔，然後以平針縫或回針縫縫合（參照圖）。

＊山羊皮的情形，因皮革的邊緣呈波浪狀，而有不平整的情形。此時有多餘的縫合褶就容易處理。

＊作平針縫時，夾在膝蓋來縫。

完成

28

61

側邊的縫法

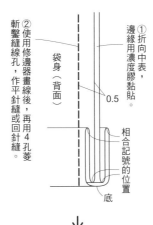

②使用修邊器畫線孔，斬鑿縫線孔，作平針縫，再用4孔菱斬鑿縫線孔，作平針縫或回針縫。

袋身（背面）

①折向中表，邊緣用濃度膠黏貼。

0.5

相合記號的位置

底

提把的裝法

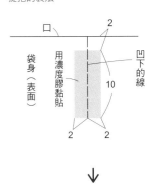

口

2

用濃度膠黏貼

袋身（表面）

凹下的線

10

2 2

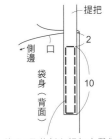

提把

口

2

側邊

袋身（背面）

10

使用4孔菱斬在提把上鑿縫線用的孔，然後用濃度膠黏在裝置位置上，貫穿縫線孔之後，以平針縫或回針縫縫起來。

＊提把沒有實物大紙型，請參照圖的尺寸裁切。

提把（2片）

78

2

口

凹下的線

袋身（1片）

底對折線

折入

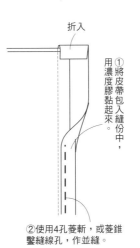

①將皮帶包入縫份中，用濃度膠黏起來。

②使用4孔菱斬，或菱錐鑿縫線孔，作並縫。

p.19

柔軟的拿帕皮，使用車縫縫製。
提把的部分不縫，使用強力濃度膠G17確實黏上。

材料和工具

厚1.2～1.3mm無光澤類型的拿帕皮
45×83cm1片（袋身）、
4.5×85cm2片（提把）、
4.5×18cm4片（穿提把用）
（合計95×65cm）
內袋用布料（棉）23×20cm1片
寬1.8cm的防伸展用帶子83cm2條
20號車縫線（尼龍）
麻線、線蠟、縫針
修邊器、定規尺、剪刀、美工刀、
4孔菱斬、鐵槌、膠板、
皮革用濃度膠、強力濃度膠
（KONISHI G17）

作法

1　各零件依紙型裁切必要的片數。內袋要加上縫份。

2　內袋開口的折份是3.5cm，其餘3邊的折份取1cm，將內袋開口折3折以車縫縫起來。折其餘3邊的折份，以濃度膠黏起來。將內袋抵在袋身的背側，以車縫或回針縫縫上。

3　製作提把（參照圖）。

4　將穿提把用的皮用濃度膠黏在袋身的背側，再縫合固定。將提把從插入口穿入，再縫合固定（參照圖）。

5　將袋身對準外表，側邊用車縫縫合。

6　製作底的襠（參照圖）。

完成

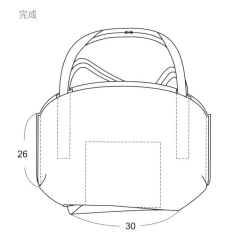

26

30

＊提把沒有實物大紙型，
請參照圖的尺寸裁切。

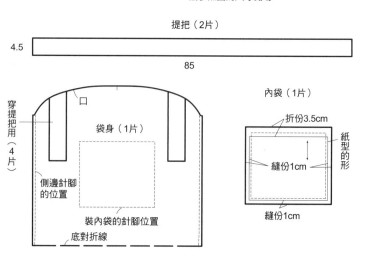

提把（2片）

4.5

85

穿提把用（4片）

口

袋身（1片）

側邊針腳的位置

裝內袋的針腳位置

底對折線

內袋（1片）

折份3.5cm

紙型的形

縫份1cm

縫份1cm

底的縫法

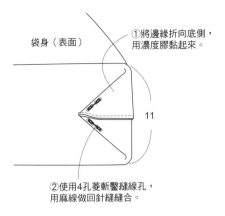

袋身（表面）

①將邊緣折向底側，用濃度膠黏起來。

11

②使用4孔菱斬鑿縫線孔，用麻線做回針縫縫合。

提把的作法

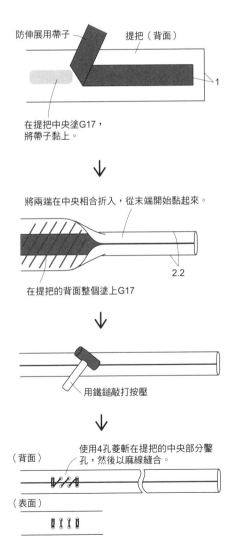

防伸展用帶子　提把（背面）

1

在提把中央塗G17，將帶子黏上。

↓

將兩端在中央相合折入，從末端開始黏起來。

2.2

在提把的背面整個塗上G17

↓

用鐵鎚敲打按壓

↓

（背面）

使用4孔菱斬在提把的中央部分鑿孔，然後以麻線縫合。

（表面）

提把的裝法

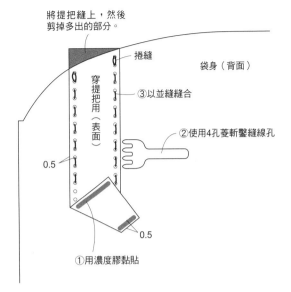

將提把縫上，然後剪掉多出的部分。

捲縫

袋身（背面）

穿提把用（表面）

③以並縫縫合

②使用4孔菱斬鑿縫線孔

0.5

0.5

①用濃度膠黏貼

↓

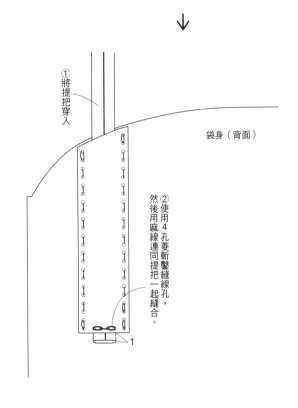

①將提把穿入

袋身（背面）

②使用4孔菱斬鑿縫線孔，然後用麻線連同提把一起縫合。

1

p.21

使用薄又柔軟的衣料用皮革，製作扁平的提包。

材料和工具

厚0.6～0.8mm的衣料用皮革
51×21.5cm2片（袋身）、
14×83cm1片（肩帶）、
5.5×50cm1片（拉鍊裝飾）、
2×4cm1片（拉鍊尾端）
（合計85×70cm）
裡襯布（尼龍）110cm寬45cm
（含內袋的分量）
斜裁的布條2cm寬1m
拉鍊50cm、21cm各1條
麻線、線蠟、縫針
30號車縫線（尼龍）
修邊器、定規尺、剪刀、4孔菱斬、
鐵槌、膠板、皮革用濃度膠
手縫固定夾（有無皆可，做回針縫的話就不需
要）

作法

1 將袋身的皮革和裡襯布一起依紙型裁切成
2片。其他零件也依尺寸裁切。

2 將袋身的開口部分反折1cm，以濃度膠
黏起來。在距離折山3mm的位置，用修邊器
畫線，然後用4孔菱斬鑿縫線孔。

3 在內袋布上，裝上已處理好末端的拉鍊
（參照圖）製作內袋，然後裝在一邊的裡襯布
上。將開口部分反折1cm，用濃度膠黏起來
（參照圖）。

4 將皮革和裡襯布對準外表，將已處理好末
端的拉鍊（參照圖）夾在開口部分上，用濃度
膠把周圍黏起來。在步驟2時用4孔菱斬所鑿
的縫線孔之中，用麻線作並縫，以此縫合拉
鍊。（參照圖）

5 將袋身對準中表，以3～5mm的縫份縫
起來（車縫或麻線的平針縫或回針縫）。用斜
裁的布條把縫份包起來（參照P.72）。

6 製作肩帶，裝上（參照圖）。

7 在拉鍊裝上裝飾。

完成

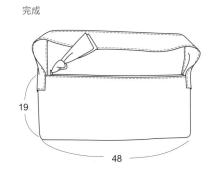

19

48

拉鍊裝飾（1片）

50

5.5

*肩帶等沒有實物大紙型，
請參照圖的尺寸裁切。

83

14

肩帶（1片）

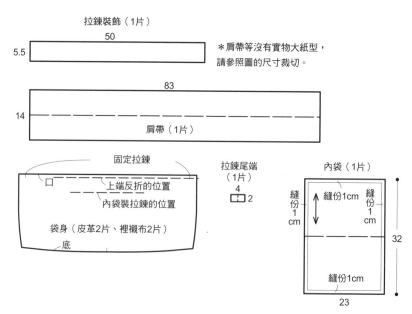

固定拉鍊

上端反折的位置

內袋裝拉鍊的位置

袋身（皮革2片、裡襯布2片）

底

拉鍊尾端
（1片）

4

2

內袋（1片）

縫份1cm

縫份1cm

縫份1cm

縫份1cm

32

23

拉鍊末端的處理（內袋用）

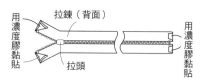

拉鍊（背面）

用濃度膠黏貼

拉頭

用濃度膠黏貼

拉鍊末端的處理（用於開口部分）

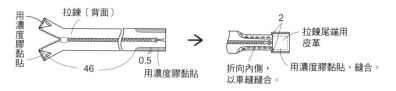

拉鍊（背面）

用濃度膠黏貼

46

0.5

用濃度膠黏貼

2

拉鍊尾端用
皮革

折向內側，
以車縫縫合。

用濃度膠黏貼、縫合。

內袋的作法、裝法

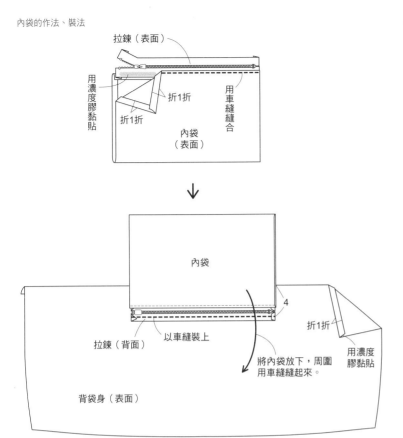

拉鍊（表面）

用濃度膠黏貼

折1折
折1折

用車縫縫合

內袋（表面）

內袋

拉鍊（背面）

以車縫裝上

4

折1折

用濃度膠黏貼

將內袋放下，周圍用車縫縫起來。

背袋身（表面）

肩帶的作法、裝法

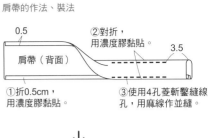

0.5

肩帶（背面）

②對折，用濃度膠黏貼。

3.5

①折0.5cm，用濃度膠黏貼。

③使用4孔菱斬鑿縫線孔，用麻線作並縫。

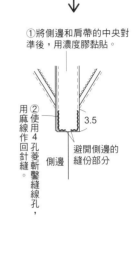

①將側邊和肩帶的中央對準後，用濃度膠黏貼。

②使用4孔菱斬鑿縫線孔，用麻線作回針縫。

用麻線作回針縫。

3.5

側邊

避開側邊的縫份部分

拉鍊的裝法

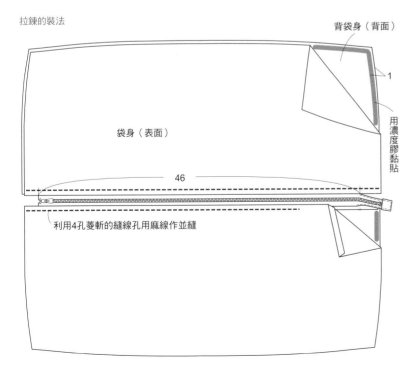

背袋身（背面）

袋身（表面）

1

用濃度膠黏貼

46

利用4孔菱斬的縫線孔用麻線作並縫

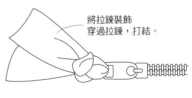

將拉鍊裝飾穿過拉鍊，打結。

p.22

針腳整齊，也適合男性的收納文件風提包。

材料和工具

厚1.2～1.5mm的植鞣山羊皮
37×55cm1片（袋身、袋蓋）、
30×17cm1片（內袋）、
3×30cm1片（補強布）、
5.2×13.5cm2片（插入）、4×12cm1片
（插入芯皮）、3×11cm2片（插入座）
（合計60×90cm）
麻線、線蠟、縫針、修邊器、定規尺
美工刀、三角研磨器、撐孔器、鐵槌、膠板、
CMC、皮革用濃度膠

作法

1 各零件依紙型裁切必要的片數。

2 製作插入、插入座（參照圖）。

3 以開口的反折線反折到背側，用濃度膠
黏起來。在距離邊緣5mm的位置用修邊器
畫線，以6～7mm間隔用撐孔器鑿孔，作並
縫。

4 將插入座裝在袋身的表面（參照圖）。

5 將內袋除袋口的其餘3邊以及補強布用濃
度膠黏貼，縫在裝置的位置（背面）上（參照
圖）。

6 縫側邊（參照圖）。

7 裝上插入（參照圖）。

完成

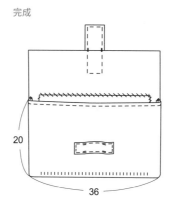

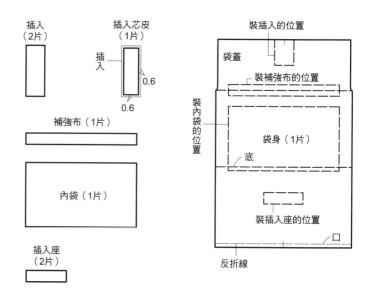

插入、插入座的作法

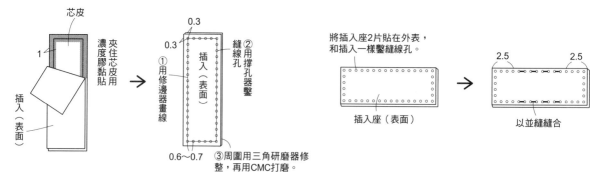

補強布、內袋的裝法

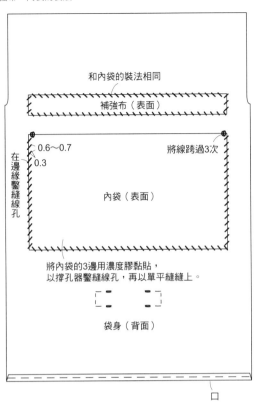

和內袋的裝法相同

補強布（表面）

在邊緣鑿縫線孔

0.6〜0.7

0.3

將線跨過3次

內袋（表面）

將內袋的3邊用濃度膠黏貼，
以撐孔器鑿縫線孔，再以單平縫縫上。

袋身（背面）

側邊的縫法

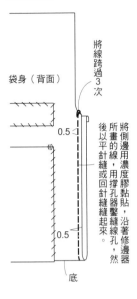

將線跨過3次

袋身（背面）

0.5

0.5

底

將側邊用濃度膠黏貼，沿著修邊器所畫的線，用撐孔器鑿縫線孔，然後以平針縫或回針縫縫起來。

插入的裝法

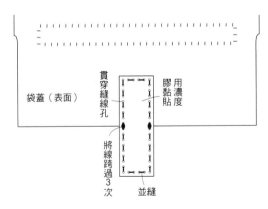

袋蓋（表面）

貫穿縫線孔

用濃度膠黏貼

將線跨過3次

並縫

插入座的裝法

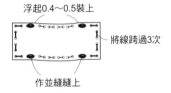

浮起0.4〜0.5裝上

將線跨過3次

作並縫縫上

p.23

將植鞣皮（以丹寧鞣皮，適合染色用的牛皮）用手搓揉，
稍微變軟後再使用（參照P.42）。

材料和工具
厚約1.5mm的植鞣皮
50×87cm1片（袋身）、21×16cm1片
（內袋）、42×5cm2片（提把）
（合計75×90cm）
麻線、線蠟、縫針
修邊器、定規尺、美工刀、三角研磨器
4孔菱斬、鐵槌、菱錐、膠板
夾子、CMC、皮革用濃度膠
手縫固定夾（有無皆可，做回針縫的話就不需
要）

作法
1　各零件依紙型裁切必要的片數。
2　將袋身的開口部分、內袋、提把的切口用
三角研磨器修整，再用CMC打磨。
3　在袋身裝提把的位置和內袋的針腳位置
上，使用4孔菱斬鑿縫線用的孔。
4　用濃度膠將內袋黏在袋身的內側，貫穿縫
線孔以麻線縫起來（平針縫或回針縫）。
5　將袋身對準外表，在兩側距離邊緣5mm
處用濃度膠黏貼，邊緣用三角研磨器修整，再
以CMC打磨。
6　在距離側邊邊緣3mm的位置用修邊器畫
線，使用4孔菱斬鑿縫線用的孔，再用麻線作
平針縫（參照圖）。
7　底襠和側邊一樣用濃度膠黏貼，縫起來
（參照圖）。
8　製作提把，裝上（參照圖）。

完成

36.5

35

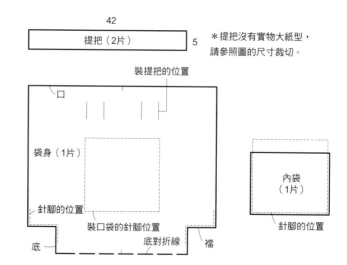

42

提把（2片）　5

＊提把沒有實物大紙型，
請參照圖的尺寸裁切。

裝提把的位置

口

袋身（1片）

針腳的位置

裝口袋的針腳位置

底對折線

底　　襠

內袋
（1片）

針腳的位置

側邊的縫法

確實作捲縫

袋身

提把的作法、裝法

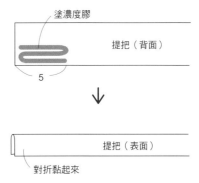

塗濃度膠

提把（背面）

5

↓

提把（表面）

對折黏起來

↓

底的縫法

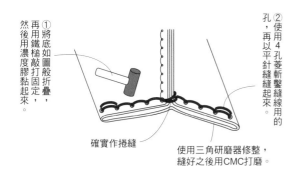

① 將底如圖般折疊，再用鐵槌敲打固定，然後用濃度膠黏起來。

② 使用 4 孔菱斬鑿縫線用的孔，再以平針縫縫起來。

確實作捲縫

使用三角研磨器修整，縫好之後用CMC打磨。

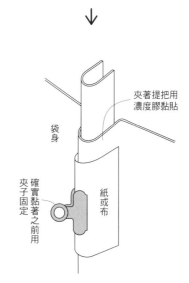

夾著提把用濃度膠黏貼

袋身

確實黏著之前用夾子固定

紙或布

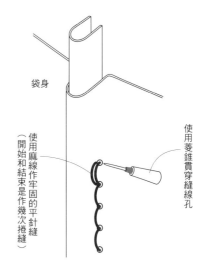

袋身

使用麻線作牢固的平針縫（開始和結束是作幾次捲縫）

使用菱錐貫穿縫線孔

p.20

和6頁一樣使用縫紉機縫製衣料用的薄皮。

材料和工具

厚0.6～0.8mm的衣料用皮
41×80cm1片（袋身）
厚3mm的植鞣牛皮
3cm×1m10cm2片（提把）
斜裁的布條2cm寬90cm
30號車縫線（尼龍）
麻線、線蠟、縫針
修邊器、定規尺、美工刀、撐孔器、鐵槌
膠板、皮革用濃度膠

作法

1　依圖的尺寸裁切。
2　使用濃度膠將提把黏在袋身裝提把的位置上。使用撐孔器鑿縫線用的孔（參照圖），再以回針縫和捲縫縫起來。
3　將袋身對準中表，兩側以3～4mm的縫份用縫紉機縫起來。用斜裁的布條把縫份包起來（參照圖）。
4　翻回表面，整理形狀。

完成

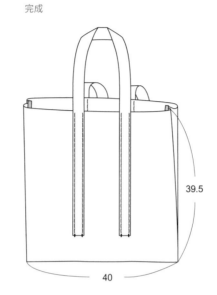

39.5

40

＊沒有實物大紙型，
請參照圖的尺寸裁切。

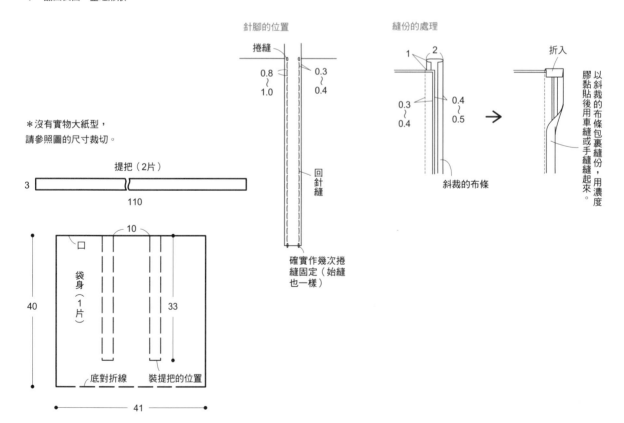

針腳的位置

捲縫

0.8
～
1.0

0.3
～
0.4

回針縫

確實作幾次捲縫固定（始縫也一樣）

縫份的處理

1　2

0.3
～
0.4

0.4
～
0.5

斜裁的布條

折入

以斜裁的布條包裹縫份，用濃度膠黏貼後用車縫或手縫縫起來。

提把（2片）

3

110

口

10

袋身（1片）

40

33

底對折線　　裝提把的位置

41

p.24

使用4片皮革接合的半球形提包。

材料和工具

厚1.2～1.5mm的植鞣山羊皮
26×38cm4片（袋身）、6×55cm2片
（提把）（合計70×80cm）
麻線、線蠟、縫針
修邊器、定規尺、美工刀、三角研磨器
膠板、4孔菱斬、鐵槌、菱錐
CMC、皮革用濃度膠

作法

1 各零件依紙型裁切必要的片數（袋身因左右形狀不同，因此將紙型翻面各裁2片）。在提把的紙型上用4孔菱斬鑿縫線孔。

2 將皮革的切口用三角研磨器修整，再用CMC打磨。

3 在提把和袋身裝提把的位置上，使用4孔菱斬鑿縫線用的孔（參照圖）。將提把的紙型抵在袋身裝提把的位置上，然後以1所鑿的縫線孔作記號，即可正確完成。

4 將提把用濃度膠黏起來，貫穿縫線孔，作單平縫固定（參照圖和P.47）。

5 將袋身對準中表，將中心側以距離邊緣5mm的寬度用濃度膠黏貼。在距離邊緣5mm的位置，用修邊器畫線，再用4孔菱斬鑿縫線用的孔。以麻線的捲縫縫起來。

6 側邊的縫法和中心相同。

完成

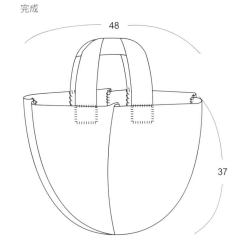

48

37

中心、側邊的縫合法

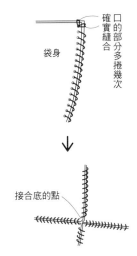

口的部分多捲幾次
確實縫合
袋身

接合底的點

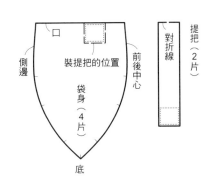

口
側邊
裝提把的位置
前後中心
袋身（4片）
底

對折線
提把（2片）

裝提把位置的孔的鑿法

①將提把的紙型抵在袋身的表面上，然後用菱錐在紙型所鑿的縫線孔位置上做記號。

口的部分尚未鑿開

0.4　0.4
0.4

②沿著記號，從表面用4孔菱斬鑿孔。

袋身（表面）

提把的裝法

②沿著記號，在口的部分用4孔菱斬鑿縫線孔。

提把（背面）

0.4

①將提把抵在背面用濃度膠黏貼，然後從表面用4孔菱斬貫穿孔。

袋身（背面）

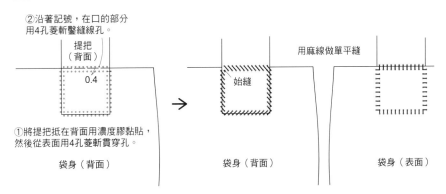

始縫

袋身（背面）

用麻線做單平縫

袋身（表面）

p.25

從袋身裁出大袋蓋為特徵的掛肩包。

材料和工具

厚1.2～1.3mm的植鞣山羊皮
26×51.5cm1片（後袋身、袋蓋）、
26×26.5cm1片（前袋身）、
21×14cm1片（內袋）（合計30cm×1m）
厚2.5～3.0mm的植鞣牛皮
2cm×1m10cm1條（肩帶）
直徑0.6cm的原子扣1個
15號（4.5mm）、7號（2.1mm）圓斬
麻線、線蠟、縫針
修邊器、定規尺、美工刀、三角研磨器
4孔菱斬、鐵槌、菱錐、膠板
CMC、皮革用濃度膠
手縫固定夾（有無皆可，做回針縫的話就不需
要）

作法

1 各零件依紙型裁切必要的片數。將肩帶的
切口用三角研磨器修整，再用CMC打磨。

2 以前袋身開口的反折線反折到背側，用濃
度膠黏起來。在距離邊緣3mm的位置，用修
邊器畫線，使用4孔菱斬鑿縫線用的孔，再以
平針縫或回針縫縫起來。

3 裝內袋（參照圖）。

4 裝肩帶（參照圖）。

5 在裝原子扣的位置上做記號。

6 將前袋身和後袋身對準中表，在邊緣
5mm寬處用濃度膠黏貼。在距離邊緣5mm的
位置，用修邊器畫線，使用4孔菱斬鑿縫線用
的孔，再以平針縫或回針縫縫起來。剪掉角部
分的縫份（參照P.55）。

7 翻回表面，在裝原子扣的位置上，後袋身
是用7號圓斬、前袋身是用15號圓斬鑿孔（參
照P.53），裝上原子扣（在原子扣內加一點
濃度膠，幫助確實捲緊）。

完成（後側）

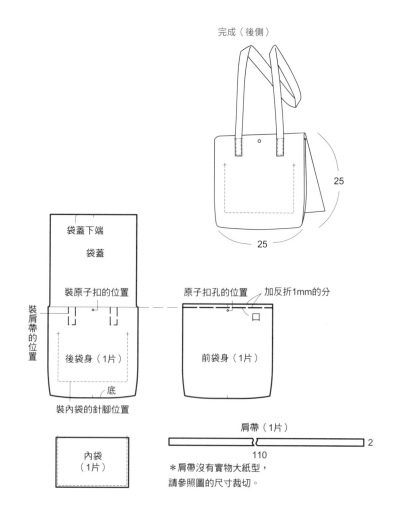

肩帶（1片）

110   2

＊肩帶沒有實物大紙型，
請參照圖的尺寸裁切。

內袋的裝法　　　肩帶的裝法

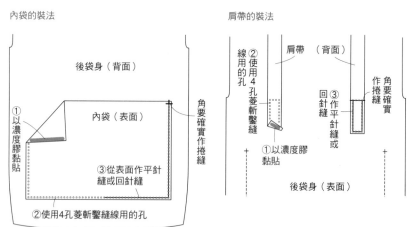

p.26

裝置肩帶的墊片，是在一般大賣場都有販售的環扣片。

材料和工具

厚1.5～1.6mm的植鞣牛皮

31.5×43cm2片（袋身）、

15.5×22cm1片（口袋）

（合計45×85cm）

5cm寬的織帶1m30cm（肩帶）

5cm寬的活動鉤2個

5cm寬的調整扣環1個

M8（JIS）的環扣片2個

15號（4.5mm）圓斬

麻線、線蠟、縫針

修邊器、定規尺、美工刀、三角研磨器、4孔菱斬、鐵槌、膠板、CMC、皮革用濃度膠

手縫固定夾（有無皆可，做回針縫的話就不需要）

作法

1　各零件依紙型裁切必要的片數。袋身的開口部用CMC打磨。

2　在後袋身裝內袋（參照圖）。

3　將袋身對準外表，將開口以外的邊緣以5mm寬用濃度膠黏貼後，使用三角研磨器修整切口，再用CMC打磨。

4　縫合袋身（參照圖）。

5　使用15號圓斬鑿活動鉤用的孔，然後夾進環扣片（參照圖）。

6　製作肩帶（參照P.85），在左右的洞孔上，裝上活動鉤。

完成

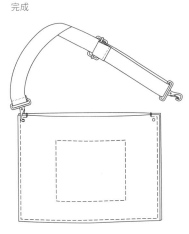

＊掛肩包沒有實物大紙型，請參照圖的尺寸裁切。

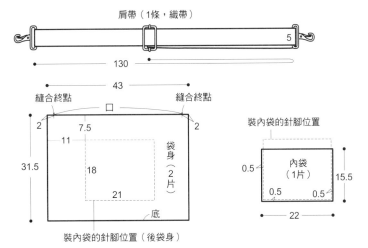

肩帶（1條，織帶）

5

130

43

縫合終點　□　縫合終點

2　7.5　2

11

31.5　18　袋身（2片）

21

底

裝內袋的針腳位置（後袋身）

裝內袋的針腳位置

0.5　內袋（1片）　15.5

0.5　0.5

22

內袋的裝法

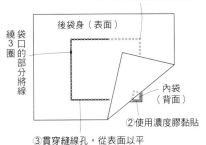

①使用修邊器在縫線位置畫線，決定四角落的位置後，使用4孔菱斬鑿縫線用的孔。

後袋身（表面）

繞袋口3圈的部分將線

內袋（背面）

②使用濃度膠黏貼

③貫穿縫線孔，從表面以平針縫或回針縫縫合。

袋身的縫法

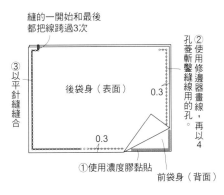

縫的一開始和最後都把線跨過3次

②使用修邊器畫線，孔菱斬鑿縫線用的孔。再以4

③以平針縫縫合

後袋身（表面）

0.3

0.3

①使用濃度膠黏貼

前袋身（背面）

洞孔的位置

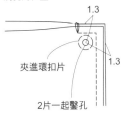

1.3

1.3

夾進環扣片

2片一起鑿孔

p.27

使用厚的豬皮，上面漆白漆。

材料和工具
厚約1mm的豬皮
57×80cm1片（袋身）、
2×35cm6片（提把）、
17×21cm1片（口袋）、
2cm×1m13cm1片（口的帶子）
（合計85cm×1m20cm）
麻線、線蠟、縫針
修邊器、定規尺、美工刀或剪刀
4孔菱斬、鐵槌、菱錐
膠板、皮革用濃度膠
水性樹脂染劑（乳白色）、筆

作法

1　各零件依紙型裁切必要的片數。

2　在袋身開口部分距離上端8mm的位置，
用修邊器畫線。

3　使用4孔菱斬在口袋上鑿縫線用的孔，用
濃度膠黏在袋身後，貫穿孔。從表面以麻線做
平針縫或回針縫縫合。袋口的部分多作幾次捲
縫。

4　提把是重疊3片用濃度膠黏貼而成的，
共做2條。參照圖，使用4孔菱斬鑿縫線用的
孔，將手提部分的兩端用1股麻線作並縫縫
合。

5　用濃度膠將提把黏在袋身裝提把的位置，
貫穿孔後，以平針縫或回針縫縫上（參照
圖）。

6　將袋身對準中表，在兩端距離邊緣5mm
處用濃度膠黏起來，再以5mm的縫份將側邊
縫合（回針縫或車縫）。

7　縫底襠（參照圖）。

8　將袋身翻回表面整理形狀，在開口部分裝
上帶子，作修飾（參照圖）。

9　使用大型筆塗自己喜好的水性樹脂染劑。

完成

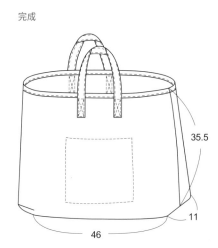

35.5

11

46

提把（6片）

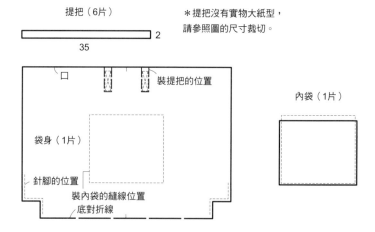

2

35

＊提把沒有實物大紙型，
請參照圖的尺寸裁切。

口

裝提把的位置

袋身（1片）

針腳的位置

裝內袋的縫線位置

底對折線

內袋（1片）

底襠的縫法

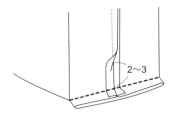

2～3

提把的縫線孔位置

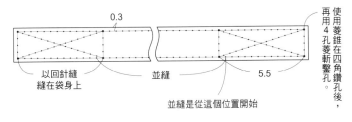

0.3

以回針縫
縫在袋身上

並縫

並縫是從這個位置開始

5.5

使用菱錐在四角鑽孔後，再用4孔菱斬鑿孔。

提把的縫合法

縫上提把時，線不要剪斷，依下圖的順序縫上。

縫的開始

縫的結束

開口部分的修飾法

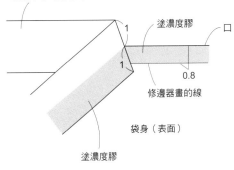

黏貼帶子（裁切成2cm×1m13cm的皮革）

塗濃度膠

口

1

1

0.8

修邊器畫的線

袋身（表面）

塗濃度膠

↓

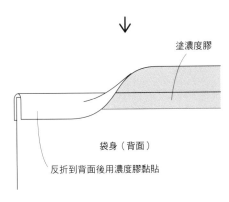

塗濃度膠

袋身（背面）

反折到背面後用濃度膠黏貼

↓

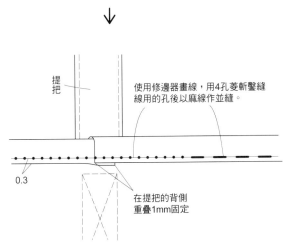

提把

使用修邊器畫線，用4孔菱斬鑿縫線用的孔後以麻線作並縫。

0.3

在提把的背側
重疊1mm固定

77

p.29

提把的縫合法很有專業水準的水桶型提包。

材料和工具

厚1.5～1.6mm的植鞣牛皮

77×40cm1片（袋身）、直徑25cm的圓形1
片（底）、6×34cm2片（提把）
（合計80×70cm）

直徑7～8mm的棉繩索1m

麻線、線蠟、縫針

修邊器、定規尺、粗約1.8mm的鐵絲1m

美工刀、三角研磨器、4孔菱斬、鐵槌

菱錐、膠板、夾子、CMC

皮革用濃度膠、手縫固定夾（有無皆可，做回
針縫的話就不需要）

作法

1 各零件依紙型裁切必要的片數。

2 使用三角研磨器修整袋身側邊（重疊於上
方的那一側）的切口，再用CMC打磨。

3 袋身和底縫合前的準備（參照圖）。

4 將袋身的側邊重疊5mm處用濃度膠黏
貼，貫穿縫線孔後以平針縫（或回針縫）縫
合。

5 將袋身翻到背面，底對準相合的記號後對
準中表，在距離邊緣約3mm處重疊，用濃度
膠黏貼，用夾子固定後貫穿縫線孔。以麻線在
幾處作假縫。邊拆掉假縫邊以平針縫縫合。袋
身會稍微長一點，不過可在使用濃度膠黏貼時
作調整。

6 將袋身翻回表面，以距離開口的上端
1.3cm的線向內側折，用濃度膠黏貼後，使
用鐵鎚敲打固定。在2cm的線位置，使用4
孔菱斬鑿縫線用的孔，再作平針縫。

7 製作提把（參照圖）。

8 將提把作成彎曲形。使用濃度膠黏在袋身
裝提把的位置，背面抵著膠板用菱錐貫穿縫線
孔，再以回針縫或平針縫縫合。

完成

37

24

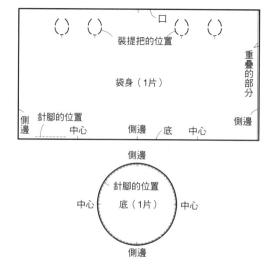

裝提把的位置

口

重疊的部分

袋身（1片）

側邊

針腳的位置

側邊

中心

側邊　底　中心

側邊

對折線

提把（2片）

針腳的位置

底（1片）

中心　　中心

側邊

縫合前的準備

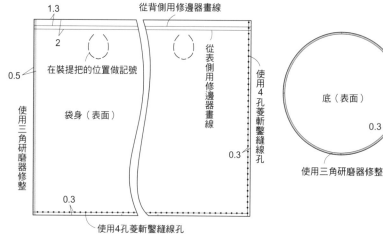

1.3

2

0.5

在裝提把的位置做記號

袋身（表面）

從背側用修邊器畫線

從表側用修邊器畫線

使用4孔菱斬鑿縫線孔

0.3

使用三角研磨器修整

0.3

使用4孔菱斬鑿縫線孔

底（表面）

0.3

使用三角研磨器修整

底的縫法

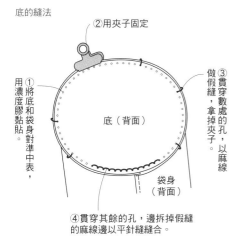

②用夾子固定

③貫穿數處的孔，以麻線做假縫，拿掉夾子。

①將底和袋身對準中表，用濃度膠黏貼。

底（背面）

袋身（背面）

④貫穿其餘的孔，邊拆掉假縫的麻線邊以平針縫縫合。

提把的裝法

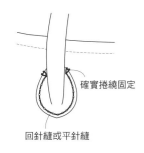

確實捲繞固定

回針縫或平針縫

提把的作法

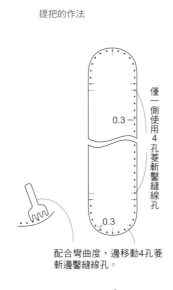

僅一側使用4孔菱斬鑿縫線孔

0.3

0.3

配合彎曲度，邊移動4孔菱斬邊鑿縫線孔。

↓

將從邊緣算起0.5的寬度用濃度膠黏貼，貫穿縫線孔後作平針縫。周圍用三角研磨器修整，再用CMC打磨。

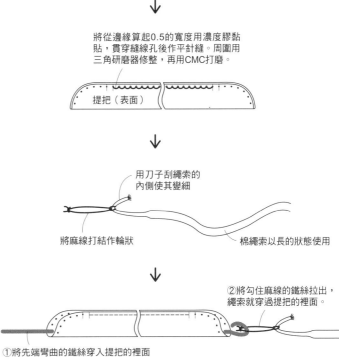

提把（表面）

用刀子刮繩索的內側使其變細

將麻線打結作輪狀

棉繩索以長的狀態使用

↓

②將勾住麻線的鐵絲拉出，繩索就穿過提把的裡面。

①將先端彎曲的鐵絲穿入提把的裡面

在另1條提把上繼續穿過繩索

↓

②將繩索的先端向內折入，整理形狀後用線縫合。

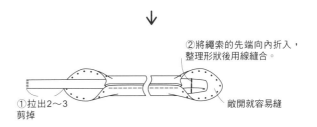

①拉出2～3剪掉

敞開就容易縫

p.28

嚴整確實的長方形，以單平縫嚴密縫製完成。

材料和工具
厚1.5～1.8mm的植鞣牛皮
45×27.5cm2片（袋身）、10×45cm1片
（底）、10×27.5cm2片（襠）、
2×61cm4片（提把）（合計70×65cm）
麻線、線蠟、縫針、修邊器、定規尺、美工刀
三角研磨器、撐孔器、4孔菱斬、鐵槌
膠板、CMC、皮革用濃度膠

作法

1　各零件依紙型裁切必要的片數。

2　將2片提把用濃度膠黏貼，切口用三角
研磨器修整，然後和其他零件的切口一起用
CMC打磨。

3　製作提把，裝上（參照圖）。

4　袋身除開口的部分，其餘3邊在距離邊緣
3mm的位置上用修邊器畫線。

5　將袋身和底對準外表，以距離邊緣5mm
的寬度黏起來，用4孔菱斬從袋身側鑿縫線用
的孔，應用單平縫（P.47）來（一個孔刺2
回）縫合。一開始縫的時候要確實跨過線。

6　襠的側邊和底也用相同方法縫合。底的四
角和開口的始縫一樣要確實把線跨過。

完成

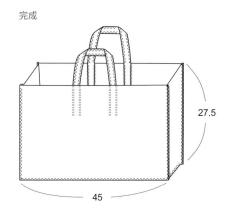

27.5

45

提把的作法、裝法

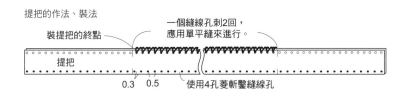

裝提把的終點　　一個縫線孔刺2回，
應用單平縫來進行。

提把

0.3　0.5　使用4孔菱斬鑿縫線孔

縫線孔的位置

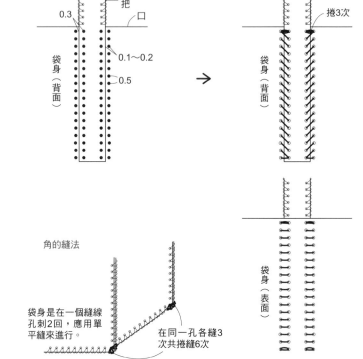

提把

0.3

口

0.1～0.2

0.5

袋身（背面）

捲3次

袋身（背面）

袋身（表面）

提把（4片）

口

裝提把的位置

袋身（2片）

底

底（1片）

襠（2片）

角的縫法

袋身是在一個縫線
孔刺2回，應用單
平縫來進行。

在同一孔各縫3
次共捲縫6次

p.30

提把是重疊3片嚴謹縫成的。

材料和工具

厚約1.0mm的豬皮

52×76cm1片（袋身）、2.5×76cm2
片（帶子）、2.5×35cm6片（提把）、
15×27cm1片（內袋）、
2cm×1m10cm1片（滾邊用）
（合計70×1m10cm）

麻線、線蠟、縫針

刮片、米達尺、美工刀、研磨器

4孔菱斬、鐵槌、圓錐、橡膠板

CMC、皮革用黏著劑

作法

1　各零件依紙型裁切必要的片數。

2　提把是重疊3片用黏著劑黏合，邊緣用研
磨器修整，再用CMC打磨，共做2條。參照
圖，使用4孔菱斬鑿縫線用的孔，將手把部分
的兩端用1股麻線作並縫縫合。

3　用黏著劑將帶子黏在袋身，在距離邊緣
3mm的位置用刮片畫線，再使用4孔菱斬鑿
縫線用的孔，以並縫縫合。

4　將提把用黏著劑黏在裝置位置，用圓錐貫
穿縫線孔，然後以平針縫或回針縫縫合。

5　在距離袋身上端7mm的位置，用刮片畫
線。

6　製作內袋，裝上（參照圖）。

7　縫側邊、底，完成開口的滾邊（P.76）。

8　縫好之後，快速水洗，讓整個產生皺紋，
晾乾。

完成

31.5

13

37

提把（6片）

2.5

35

＊袋身和帶子以外沒有實物大紙型，
請參照圖的尺寸裁切。

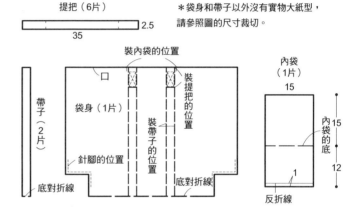

裝內袋的位置

口

裝提把的位置

帶子（2片）

袋身（1片）

裝帶子的位置

針腳的位置

底對折線

底對折線

內袋（1片）

15

內袋的底

15

12

1

反折線

提把的縫線孔位置

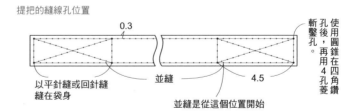

0.3

並縫

4.5

以平針縫或回針縫
縫在袋身

並縫是從這個位置開始

使用圓錐在四角鑽孔後，再用4孔菱斬鑿孔。

口袋的作法、裝法

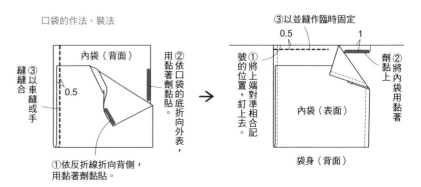

內袋（背面）

0.5

③以車縫或手縫縫合

②依口袋的底折向外表，用黏著劑黏貼。

①依反折線折向背側，用黏著劑黏貼。

③以並縫作臨時固定

0.5

1

①將上端對準相合記號的位置，釘上去。

②將內袋用黏著劑黏上。

內袋（表面）

袋身（背面）

p.32

在厚的植鞣革上使用針腳和金屬配件。

材料和工具

厚1.5～1.6mm的植鞣牛皮
52×80cm1片（袋身）、2.1×90cm2片
（袋身帶子）、2.1×100cm2片（提把）、
18.5×30cm1片（內袋）、
40×0.8cm1片（拉鍊裝飾）
4×2.5cm1片（拉鍊尾端）
（合計70cm×1m10cm）
2.1cm寬的D型環4個
金屬拉鍊約55cm1條
麻線、線蠟、縫針、修邊器、定規尺
美工刀、三角研磨器、4孔菱斬、鐵槌
菱錐、膠板、CMC
皮革用濃度膠、手縫固定夾（有無皆可，做回
針縫的話就不需要）

作法

1　各零件依紙型裁切必要的片數。削掉提
把、袋身帶子的兩端（參照圖）。

2　將袋身的開口部分用CMC打磨，在距離
上端5mm的位置用修邊器畫線，在圖的位置
鑿裝拉鍊用的縫線孔。

3　製作提把、袋身帶子，裝上（參照圖）。

4　製作內袋（參照P.81）。縫法是作平針
縫或回針縫。

5　處理拉鍊的末端（參照P.66），裝上拉
鍊、內袋（參照圖）。

6　將袋身對準中表，以平針縫或回針縫縫合
側邊、底部（參照P.76）。

7　翻回表面整理形狀，裝上拉鍊裝飾（參照
P.85）。

完成

35

41

9

＊袋身以外沒有實物大紙型，
請參照圖的尺寸裁切。

提把（2片）

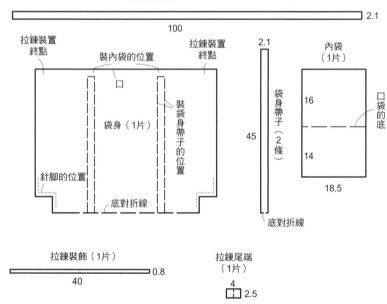

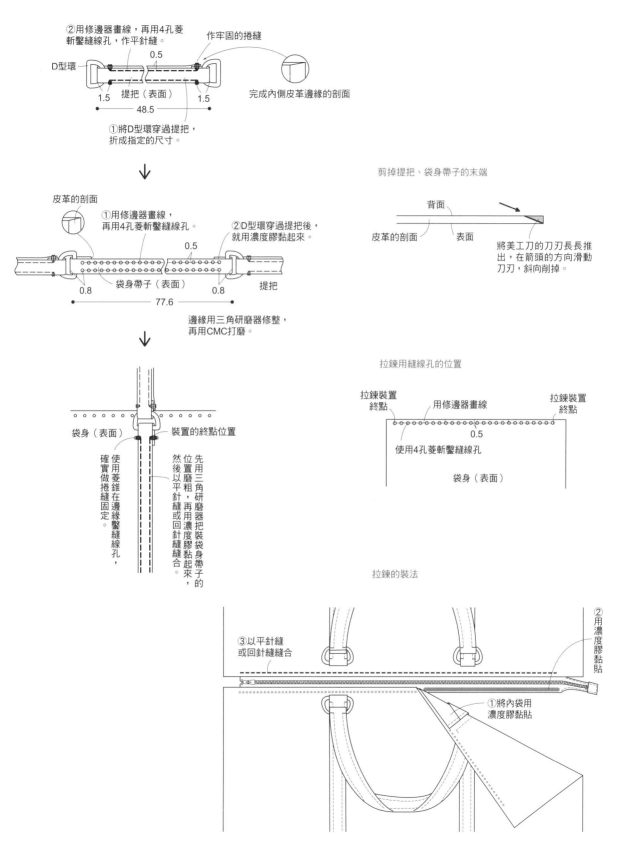

②用修邊器畫線，再用4孔菱斬鑿縫線孔，作平針縫。

作牢固的捲縫

D型環

0.5

提把（表面）

完成內側皮革邊緣的剖面

1.5　　48.5　　1.5

①將D型環穿過提把，折成指定的尺寸。

剪掉提把、袋身帶子的末端

皮革的剖面

①用修邊器畫線，再用4孔菱斬鑿縫線孔。

②D型環穿過提把後，就用濃度膠黏起來。

0.5

袋身帶子（表面）

0.8　　0.8

提把

77.6

邊緣用三角研磨器修整，再用CMC打磨。

背面

表面

皮革的剖面

將美工刀的刀刃長長推出，在箭頭的方向滑動刀刃，斜向削掉。

袋身（表面）

裝置的終點位置

使用菱錐在邊緣鑿縫線孔，確實做捲縫固定。

先用三角研磨器把裝袋身帶子的位置磨粗，再用濃度膠黏起來，然後以平針縫或回針縫縫合。

拉鍊用縫線孔的位置

拉鍊裝置終點

用修邊器畫線

拉鍊裝置終點

0.5

使用4孔菱斬鑿縫線孔

袋身（表面）

拉鍊的裝法

③以平針縫或回針縫縫合

②用濃度膠黏貼

①將內袋用濃度膠黏貼

p.33

使用很多金屬配件，非常適合男性的造型。

材料和工具

厚1.5～1.6mm的牛滷皮

39×64cm1片（袋身）、

2×23.5cm4片（提把）、

1.5×9cm4片（穿D扣環皮）、

0.8×25cm1片（拉鍊裝飾）、

2×4cm1片（拉鍊尾端）、5×11cm1片

（防止肩帶滑動）（合計50×65cm）

5cm寬的聚乙烯帶子1m20cm（肩帶）

5cm寬的掛鉤扣環2個

5cm寬的調整扣環1個

2cm寬的D扣環2個

拉鍊40cm1條

30號車縫線（合纖）、麻線、線蠟、縫針

刮片、米達尺、美工刀、剪刀、研磨器

4孔菱斬、鐵槌、圓錐、橡膠板

CMC、皮革用黏著劑、手縫固定夾（有無皆

可，做回針縫的話就不需要）

作法

1　各零件依紙型裁切必要的片數。

2　將2片提把用黏著劑黏貼，切口用研磨器
修整，然後和袋身的開口部分一起用CMC打
磨。

3　從距離提把邊緣3mm的地方用刮片畫
線，再用4孔菱斬鑿縫線用的孔，然後作平針
縫（或回針縫）。

4　在距離袋身開口部分的上端3mm的地方
用刮片畫線，用4孔菱斬鑿裝拉鍊用的孔。

5　在紙型標示裝提把的位置，用4孔菱斬鑿
縫線用的孔，然後將提把用黏著劑黏在背側，
貫穿縫線孔後以平針縫或回針縫縫合。

6　處理拉鍊的末端（參照P.66），裝上。
裝上拉鍊裝飾（參照圖）。

7　將側邊對準中表，以距離邊緣約5mm的
寬度用黏著劑黏貼，使用4孔菱斬鑿縫線用的
孔，再以平針縫或回針縫縫起來。

8　縫底襠（參照P.76），翻回表面。

9　在穿D扣環皮上穿過D扣環，用黏著劑作
臨時固定，切口用CMC打磨。裝在袋身的側
邊（參照圖）。

10　製作肩帶（參照圖）。

完成

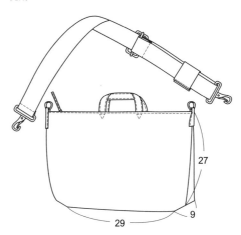

＊袋身以外沒有實物大紙型，
請參照圖的尺寸裁切。

肩帶（1條，聚乙烯帶子）

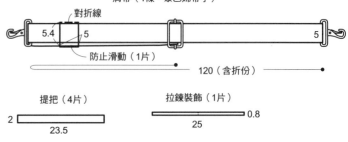

提把（4片）

拉鍊裝飾（1片）

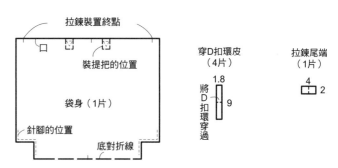

穿D扣環皮的裝法

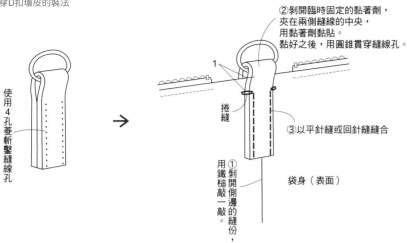

使用4孔菱斬鑿縫線孔

①剝開側邊的縫份，用鐵槌敲一敲。

②剝開臨時固定的黏著劑，夾在兩側縫線的中央，用黏著劑黏貼。黏好之後，用圓錐貫穿縫線孔。

捲縫

③以平針縫或回針縫縫合

袋身（表面）

1

拉鍊、拉鍊裝飾的裝法

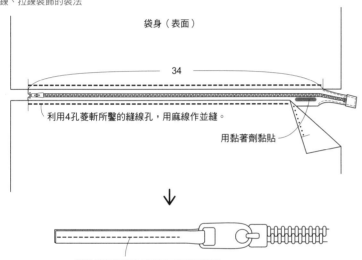

袋身（表面）

34

利用4孔菱斬所鑿的縫線孔，用麻線作並縫。

用黏著劑黏貼

將拉鍊裝飾穿過拉頭後用黏著劑黏貼，用CMC打磨後作平針縫。

肩帶的作法

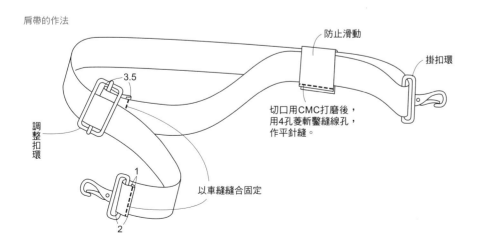

防止滑動

掛扣環

3.5

切口用CMC打磨後，用4孔菱斬鑿縫線孔，作平針縫。

調整扣環

1

2

以車縫縫合固定

85

p.34

頗花工夫，不過技巧並不困難，附有皮帶釦的背包。

材料和工具
厚1.2～1.4mm的植鞣山羊皮
37×28cm1片（前袋身）、
37×45cm1片（後袋身、袋蓋）、
24.5×2.5cm1片（口袋上）、
24.5×15.5cm1片（口袋下）
（合計60×80cm）
厚2.5～3.0mm的植鞣牛皮
6cm×1m5cm1片（肩帶）、
1.5×25.5cm2條（皮帶釦用）、
1.5×12cm2條（皮帶釦用）、
1.5×7cm2條（舌片用）
（合計10cm×1m5cm）
1.5cm寬的皮帶口2個、拉鍊22.5cm1條
10號（3mm）圓斬、麻線、線蠟、縫針
修邊器、定規尺、美工刀、三角研磨器
撐孔器、4孔菱斬、鐵槌、菱錐
膠板、CMC、皮革用濃度膠、
手縫固定夾（有無皆可，做回針縫的話就不需
要）

作法
1　各零件依紙型裁切必要的片數。袋蓋和裁
好的植鞣革的周圍用CMC打磨。
2　用修邊器畫前袋身開口的反折線，然後反
折到背側，用濃度膠黏起來。用修邊器在距離
邊緣3mm的位置畫線，接著使用4孔菱斬鑿
縫線用的孔，再作平針縫。
3　在裝前袋身皮帶釦用帶子B、後袋身皮帶
釦用帶子A、肩帶的位置附近，用三角研磨器
磨粗。
4　製作內袋，裝上（參照圖）。
5　使用圓斬在皮帶釦用帶子A鑿洞孔，裝上
（參照圖）。
6　裝上肩帶（參照圖）。
7　製作皮帶釦用帶子B，裝上（參照圖）。
8　將前袋身和後袋身對準中表，將邊緣以
5mm寬用濃度膠黏貼。用修邊器在距離邊緣
5mm的位置畫線，接著使用4孔菱斬鑿縫線
用的孔，再作平針縫或回針縫。剪掉角部分的
縫份（參照P.55），翻回表面整理形狀。

完成

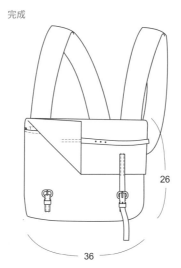

26

36

＊袋身、袋蓋以外沒有實物大紙型，
請參照圖的尺寸裁切。

肩帶（1片）

6

105

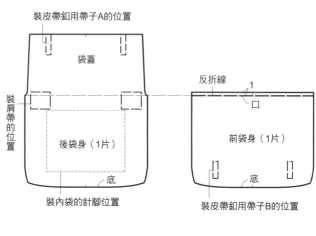

內袋
（各1片）

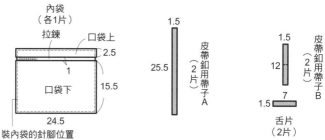

86

內袋的作法、裝法

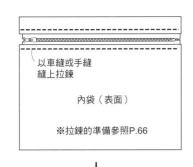

以車縫或手縫
縫上拉鍊

內袋（表面）

※拉鍊的準備參照P.66

↓

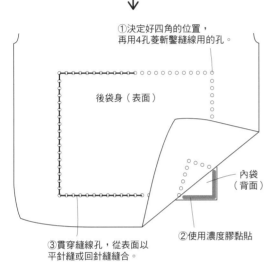

①決定好四角的位置，
再用4孔菱斬鑿縫線用的孔。

後袋身（表面）

內袋（背面）

②使用濃度膠黏貼

③貫穿縫線孔，從表面以
平針縫或回針縫縫合。

肩帶的縫線位置、裝法

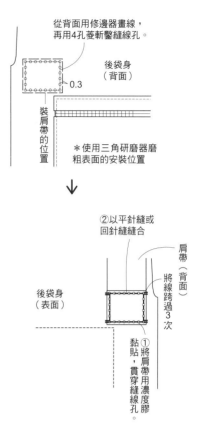

從背面用修邊器畫線，
再用4孔菱斬鑿縫線孔。

後袋身（背面）

0.3

裝肩帶的位置

＊使用三角研磨器磨
粗表面的安裝位置

↓

②以平針縫或
回針縫縫合

後袋身（表面）

肩帶（背面）

將線跨過3次

①將肩帶用濃度膠黏貼，貫穿縫線孔。

皮帶釦用帶子A的裝法

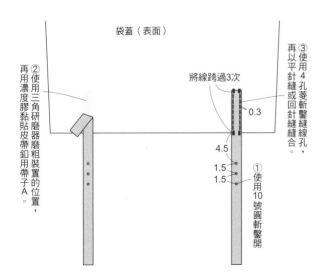

袋蓋（表面）

②再用濃度膠黏貼皮帶釦用裝置帶子A的位置，使用三角研磨器磨粗

③再以平針縫或回針縫縫合，使用4孔菱斬鑿縫線孔，

將線跨過3次

0.3

4.5

1.5

1.5

①使用10號圓斬鑿開

皮帶釦用帶子B的作法、裝法

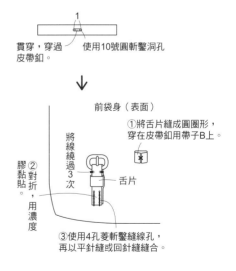

1

貫穿，穿過皮帶釦。

使用10號圓斬鑿洞孔

↓

前袋身（表面）

①將舌片縫成圓圈形，
穿在皮帶釦用帶子B上。

將線繞過3次

②對折，用濃度膠黏貼。

舌片

③使用4孔菱斬鑿縫線孔，
再以平針縫或回針縫縫合。

p.35

除了特別厚的部分以外，都用車縫完成，當然手縫也OK。

材料和工具

厚1.0～1.2mm的澀山羊皮

42×52cm1片（袋身）、

直徑18cm的圓形2片（襠）、

3×78cm4片（提把）、3cm×1m5cm2

片（肩帶）、10cm×1.5cm4片（穿D釦環

皮）、1×50cm1片（拉鍊裝飾）、

2.5×4cm1片（拉鍊尾端）、

3×5cm2片（補強布）

（合計75×1m10cm）

3cm寬的掛扣環2個

3cm寬的調整扣環1個

1.5cm寬的D扣環2個

拉鍊45cm1條

20號車縫線（合纖）、麻線、線蠟、縫針

刮片、米達尺、美工刀、研磨器

4孔菱斬、鐵槌、橡膠板

CMC、皮革用黏著劑

作法

1　各零件依紙型裁切必要的片數。

2　將提把、肩帶、穿D扣環皮各2片用黏著劑黏貼，切口用研磨器修整，再用CMC打磨。

3　在距離提把邊緣3mm的地方用刮片畫線，將手提部分的兩端用縫紉機縫起來。用縫紉機將提把縫在袋身上（參照圖）。

4　處理拉鍊的末端（參照P.66），裝上（參照圖）。將拉鍊裝飾穿過拉頭，打結。

5　製作穿D扣環皮。使用黏著劑將補強布黏在襠的背側，將穿D扣環皮黏在表側，然後以麻線做回針縫縫合（參照圖）。

6　將袋身和襠對準外表，在距離邊緣約5mm寬處，用黏著劑黏貼，再用縫紉機縫合。

7　製作肩帶（參照圖）。

完成

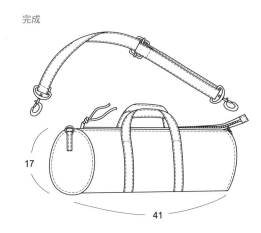

17

41

＊提把等沒有實物大紙型，
請參照圖的尺寸裁切。

肩帶（2條）

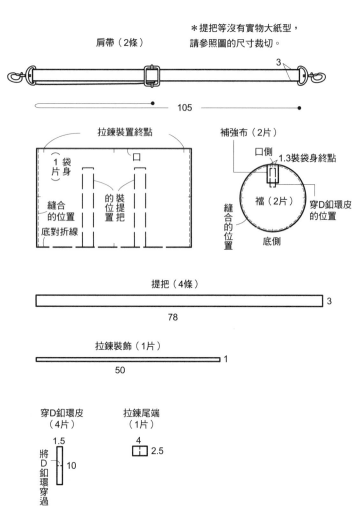

3

105

拉鍊裝置終點

1袋身片

缝合的位置

底對折線

口

裝提把的位置

補強布（2片）

口側　1.3裝袋身終點

襠（2片）

縫合的位置

穿D釦環皮的位置

底側

提把（4條）

3

78

拉鍊裝飾（1片）

1

50

穿D釦環皮
（4片）

將D釦環穿過

1.5

10

拉鍊尾端
（1片）

4

2.5

提把的裝法

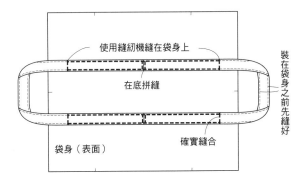

使用縫紉機縫在袋身上

在底拼縫

裝在袋身之前先縫好

確實縫合

袋身（表面）

穿D釦環皮的作法、裝法

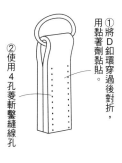

①將D釦環穿過後對折，用黏著劑黏貼。

②使用4孔菱斬鑿縫線孔

①使用黏著劑將補強布黏在背面

②回針縫

縫固定

做幾次捲

檔（表面）

拉鍊的裝法

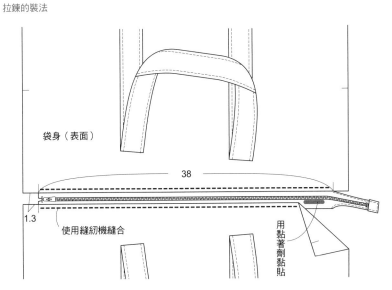

袋身（表面）

38

1.3

使用縫紉機縫合

用黏著劑黏貼

肩帶的作法

穿過金屬配件之前，用縫紉機縫好邊緣。

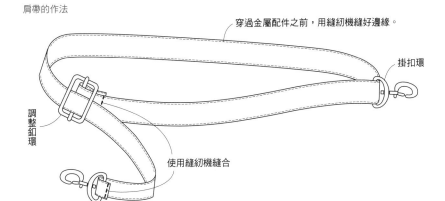

掛扣環

調整釦環

使用縫紉機縫合

p.31

穿過提包口的麻繩成為焦點的肩背包。

材料和工具

厚1.5～1.6mm的植鞣牛皮

42×64cm1片（袋身）、

20×15cm1片（內袋）、

5cm×1m1片（肩帶）

（合計50cm×1m）

粗3mm的麻繩4m

30號（直徑9mm）圓斬

麻線、線蠟、縫針、修邊器、定規尺

美工刀、三角研磨器、4孔菱斬、鐵槌

菱錐、膠板、夾子、CMC

皮革用濃度膠、手縫固定夾（有無皆可，做回針縫的話就不需要）

作法

1　各零件依紙型裁切必要的片數。袋身的開口部分、內袋、肩帶的切口，用CMC打磨。

2　使用30號圓斬鑿穿繩索的洞孔。

3　裝上內袋（參照P.75）。縫法是以並縫縫合。

4　將側邊對準外表，在距離邊緣約5mm處用濃度膠黏貼，再用三角研磨器修整邊緣。在距離邊緣3～4mm的地方，用修邊器畫線，使用4孔菱斬鑿縫線用的孔，再以平針縫合。側邊用CMC打磨。

5　裝上肩帶（參照圖）。

6　麻繩各以2m剪斷，各別對折作成2條。從袋身的內側兩邊穿過繩索的洞孔，最後在內側打結。剪掉多餘的繩索（參照圖）。

完成

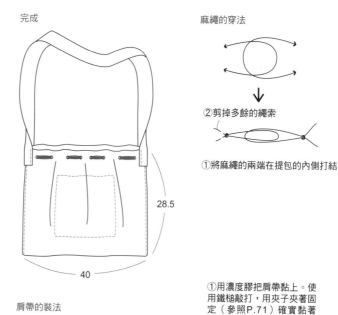

麻繩的穿法

②剪掉多餘的繩索

①將麻繩的兩端在提包的內側打結

肩帶的裝法

①用濃度膠把肩帶黏上。使用鐵槌敲打，用夾子夾著固定（參照P.71）確實黏著（為了避免留下夾子的夾痕，用紙包著）

＊肩帶沒有實物大紙型，請參照圖的尺寸裁切。

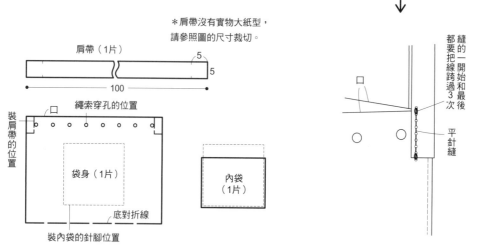

肩帶（1片）

5

5

100

繩索穿孔的位置

裝肩帶的位置

袋身（1片）

內袋（1片）

底對折線

裝內袋的針腳位置

p.38 小錢包 A

材料和工具
厚1.5～1.6mm的植鞣牛皮
25×25cm1片
棉繩1條
12號（3.6mm）圓斬
麻線、線蠟、縫針、修邊器、定規尺
美工刀、三角研磨器、4孔菱斬、鐵槌
膠板、CMC、皮革用濃度膠

作法
1　裁切皮革。
2　以底的折線折向外表，左右的側邊以約5mm寬用濃度膠黏貼，用三角研磨器修整。口、左右的側邊用CMC打磨。
3　在距離左右邊的邊緣2～3mm的地方，用修邊器畫線，再用4孔菱斬鑿縫線用的孔，以平針縫或回針縫縫起來。開口部分要確實作捲縫。
4　使用圓斬鑿洞孔。噴霧弄濕，搓揉整體後，用乾布摩擦，顯出中古感。
5　將棉繩穿過洞孔。

完成的形狀

洞孔

1
3.5　3.5　□
12.5
底的折線
25
12.5
袋身（1片）

25

＊沒有實物大紙型，請參照圖的尺寸裁切。

p.38 小錢包 B

材料和工具
厚1.3～1.5mm的植鞣牛皮
30×30cm1片（袋身）、
0.5cm×1m1片（皮繩）
麻線、線蠟、縫針、修邊器、定規尺
美工刀、三角研磨器、4孔菱斬、鐵槌
撐孔器、膠板、CMC、皮革用濃度膠

作法
1　裁切各零件，切口用CMC打磨。
2　以底的折線折向中表，用三角研磨器將左右的側邊約3mm寬的範圍磨粗，再用濃度膠黏貼。
3　在距離邊緣3～4mm的地方，用修邊器畫線，再用4孔菱斬鑿縫線用的孔，以平針縫或回針縫縫起來。翻回表面整理形狀。
4　在袋蓋的背面裝上繩子（參照圖）。

完成的形狀

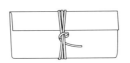

繩子的裝法

1
繩子（背面）
袋蓋（背面）

使用撐孔器在袋蓋的中央鑿孔，將繩子用濃度膠黏上後貫穿孔，然後用麻線以十字形縫合。

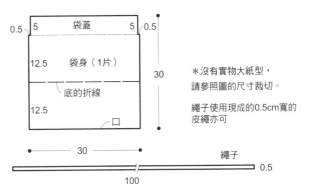

0.5　5　袋蓋　5　0.5
12.5　袋身（1片）
30
底的折線
12.5
□

30

＊沒有實物大紙型，請參照圖的尺寸裁切。

繩子使用現成的0.5cm寬的皮繩亦可

繩子
0.5
100

p.38 小錢包 C

材料和工具

厚1.5~1.6mm的牛滷皮
25×35cm1片（袋身）、
0.7cm×10cm1片（舌片）
直徑2.5cm的墊片（螺栓墊片）1個
6~7號（1.8~2.1mm）圓斬
麻線、線蠟、縫針
刮片、米達尺、美工刀、研磨器
4孔菱斬、鐵槌
橡膠板、CMC、皮革用黏著劑

作法

1　裁切各零件，袋身的開口和舌片用CMC打磨。

2　鑿洞孔，將之間剪開，製作穿墊片口（參照圖）。

3　在舌片上穿過墊片，然後裝在安裝的位置上（參照圖）。

4　以底的折線折向中表，用研磨器將左右側邊約3mm寬的範圍磨粗，再用黏著劑黏貼。

5　在距離邊緣3~4mm地方，用刮片畫線，再用4孔菱斬鑿縫線用的孔，以平針縫或回針縫縫起來。開口部分要確實作捲縫。

6　翻回表面，底角的部分修整成弧形（不要完全露出角）。

完成的形狀

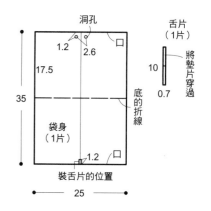

＊沒有實物大紙型，
請參照圖的尺寸裁切。

洞孔
1.2　2.6
17.5
35
袋身（1片）
1.2
裝舌片的位置
25
底的折線
舌片（1片）
10　0.7
將墊片穿過

舌片的裝法

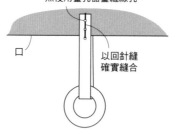

將舌片用黏著劑黏在裝置位置上，然後用鑿孔器鑿縫線孔。

以回針縫確實縫合

穿墊片口的作法

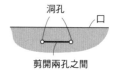

洞孔

剪開兩孔之間

p.38 小錢包 D

材料和工具

厚約1.0mm的豬皮
25×36cm1片
夾子（寬約7.5cm，金屬製）
30號車縫線（合纖）、刮片、米達尺
美工刀、橡膠板、CMC
皮革用黏著劑、水性漆

作法

1　裁切皮革，開口部分用CMC打磨。

2　以底的折線折向中表，左右側邊用黏著劑黏貼，以3mm的縫份用縫紉機縫起來。

3　翻回表面整理形狀。固定開口用的夾子，塗上水性無光澤的漆。

完成的形狀

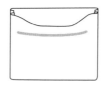

＊沒有實物大紙型，
請參照圖的尺寸裁切。

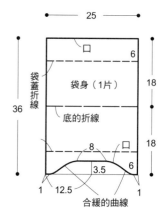

25
袋蓋折線
袋身（1片）
6
18
36
底的折線
8
18
3.5　6
1　12.5　1
合緩的曲線

p.39 小錢包 E

材料和工具
厚約1.0mm的豬皮
23×24cm1片
PC用固定紮帶1個
12號（3.6mm）圓斬
30號車縫線（合纖）、刮片、米達尺
美工刀、橡膠板、CMC
皮革用黏著劑、水性漆

作法
1　裁切皮革，開口用CMC打磨。
2　使用圓斬鑿孔。
3　以底的折線折向中表，左右的側邊用黏著劑黏貼，以3mm的縫份用縫紉機縫起來。
4　翻回表面整理形狀，塗水性漆。將固定紮帶穿過洞孔。

完成的形狀

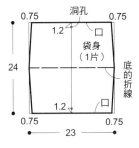

＊沒有實物大紙型，
請參照圖的尺寸裁切。

0.75　　洞孔　　0.75
1.2　　□
袋身（1片）
底的折線
24
1.2　　□
0.75　　　　0.75
23

p.39 小錢包 F

材料和工具
厚1.5～1.6mm的牛漩皮
25×25cm1片
寬廣的長橡皮筋
麻線、線蠟、縫針、刮片、米達尺
美工刀、研磨器、4孔菱斬、鐵槌
橡膠板、CMC、皮革用黏著劑

作法
1　裁切皮革，開口部分用CMC打磨。。
2　以底的折線折向中表，用研磨器將左右側邊約3mm寬的範圍磨粗，再用黏著劑黏貼。
3　在距離邊緣3～4mm的地方，用刮片畫線，再用4孔菱斬鑿縫線用的孔，以平針縫或回針縫縫起來。開口部分要確實作捲縫。
4　翻回表面整理形狀。噴霧弄濕，搓揉整體後，用乾布摩擦，顯出中古感。捲上橡皮筋。

完成的形狀

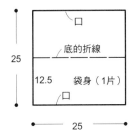

＊沒有實物大紙型，
請參照圖的尺寸裁切。

□
底的折線
25　　12.5　　袋身（1片）
□
25

紙型的說明　　紙型是以2張，印刷在四面上。下圖是尋找紙型時的參考。

A面（P.4～19）

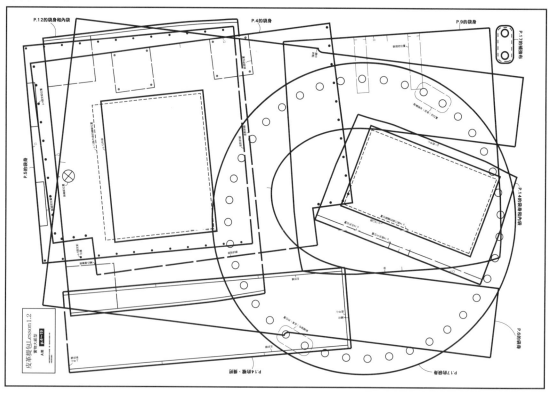

B面（P.4～19）

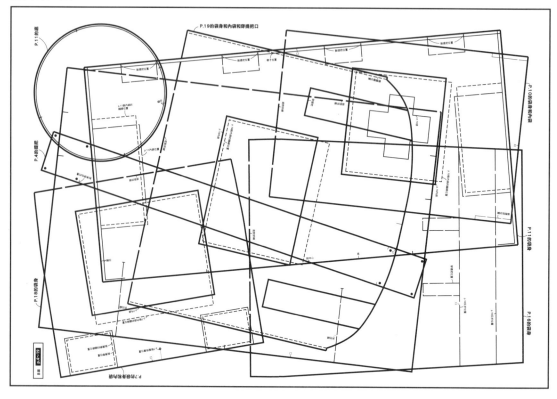

C面（P.21～35）

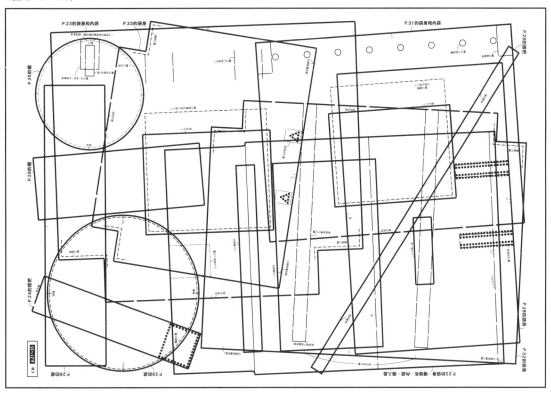

D面（P.21～35）

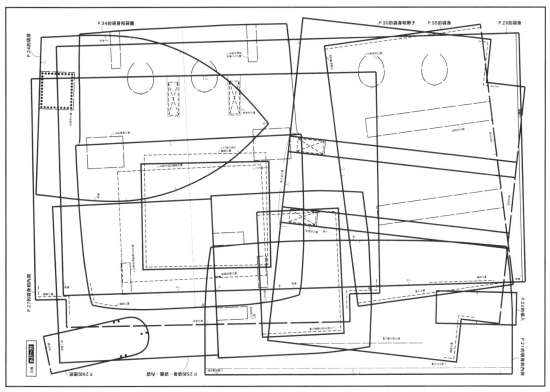

PROFILE

江面旨美

青山學院女子短期大學、東京YMCA設計研究所、武藏野美術短期大學畢業。曾任職於建築事務所，之後就開始製作提包，迄今已有20年餘。現在，大約以1年1次發表UMAMI BAGS的個展，擁有眾多的熱心粉絲。

著書有『提包LESSON』『UMAMA的布包』『umami的帆布世界』
共同著作有『umami的提包與midori的布包』『提包組合』(文化出版局出版)。

作者URL：http://umamibags.net/

TITLE

手縫皮革包Lesson1,2

STAFF		ORIGINAL JAPANESE EDITION STAFF	
出版	瑞昇文化事業股份有限公司	藝術指導	山口信博
作者	江面旨美	設計	山口信博、宮卷麗
譯者	楊鴻儒	攝影	增田智泰
審定	劉容利(印地安皮革創意工場)	插圖	淺生ハルミン
		造型	高橋みどり
總編輯	郭湘齡	攝影協力	Yoshinob
責任編輯	王瓊苹	協力	西田 昭、宮澤有紀子
文字編輯	闕韻哲	編輯協力	近藤博子
美術編輯	李宜靜	實物大紙型	上野和博
排版	二次方數位設計		
製版	明宏彩色照相製版股份有限公司		
印刷	皇甫彩藝印刷股份有限公司		
法律顧問	經兆國際法律事務所　黃沛聲律師		
戶名	瑞昇文化事業股份有限公司		
劃撥帳號	19598343		
地址	新北市中和區景平路464巷2弄1-4號		
電話	(02)2945-3191		
傳真	(02)2945-3190		
網址	www.rising-books.com.tw		
Mail	resing@ms34.hinet.net		
本版日期	2015年6月		
定價	350元		

國家圖書館出版品預行編目資料

手縫皮革包Lesson1,2／江面旨美作；楊鴻儒譯
-- 初版. -- 新北市：瑞昇文化，2011.01
96面；19×25.7公分

ISBN 978-986-6185-31-1 (平裝)

1.皮革　2.手提袋　3.手工藝

426.65   100000889